精进

JINGJIN

如何成为一个很厉害的人

RUHE CHENGWEI YIGE HEN LIHAI DE REN

● 张跃峰 编著

成都地图出版社

图书在版编目（CIP）数据

精进：如何成为一个很厉害的人 / 张跃峰编著. --
成都：成都地图出版社有限公司，2018.10（2023.8 重印）
　ISBN 978 - 7 - 5557 - 1070 - 7

　Ⅰ . ①精… Ⅱ . ①张… Ⅲ . ①成功心理 - 通俗读物
Ⅳ . ①B848.4 - 49

　中国版本图书馆 CIP 数据核字（2018）第 237959 号

精进：如何成为一个很厉害的人
JINGJIN：RUHE CHENGWEI YIGE HEN LIHAI DE REN

编　　著：张跃峰
责任编辑：陈　红
封面设计：松　雪
出版发行：成都地图出版社有限公司
地　　址：成都市龙泉驿区建设路 2 号
邮政编码：610100
电　　话：028 - 84884648　028 - 84884826（营销部）
传　　真：028 - 84884820
印　　刷：三河市泰丰印刷装订有限公司
开　　本：880mm × 1270mm　1/32
印　　张：6
字　　数：136 千字
版　　次：2018 年 10 月第 1 版
印　　次：2023 年 8 月第 13 次印刷
定　　价：35.00 元
书　　号：ISBN 978 - 7 - 5557 - 1070 - 7

前　言

　　我们每个人都希望自己优秀、卓越，成为一个很厉害的人。 这种成长的过程是艰辛的，说一个人厉害，其实也就是说这个人付出了更多的代价而已。 精进的路是一条很苦的路，也是成为一个厉害的人必须要走的路。 没有投机取巧的可能，也没有安逸悠闲的方法，你必须让自己时刻精进，每天都要进步一点点。

　　中国有句古语："不积跬步，无以至千里。"说的也是这个道理：量变积累到一定程度就会发生质变。 所以说，不要幻想自己能突然脱胎换骨，马上就能成为一个卓越的员工。 要知道，从平凡到优秀再到卓越并不是一件多么神奇的事，你需要做的就是，每天进步一点点。 每一个成功，都是由一点一滴小进步积累而成的。

　　每天进步一点点，持续行动，坚持自己的信念。 这一点点看似很不起眼，缺乏诱惑力，但却是在为最终的成功积蓄力量，作着储备，一旦时机成熟，这所有的一点点进步就会瞬间转化成巨大的能量，转化成连自己都会吃惊的巨大成就。

　　法国的一个童话故事中有一道"脑筋急转弯"式的小智力题：荷塘里有一片荷叶，它每天会增长一倍。 假使 30 天会长满整个荷塘，请问第 28 天时荷塘里有多少荷叶？ 答案要从后往前推，即有四分之一荷塘的荷叶。 这时，假使你站在荷塘的对岸，你会发现荷叶是那样少，似乎只有那么一点点，但是，第 29 天时就会占满一半，第 30 天时就会长满整个荷塘。

正像荷叶长满荷塘的整个过程，荷叶每天变化的速度都是一样的，可是前面花了漫长的 28 天，我们看到的荷叶却只有那一个小小的角。 在追求成功的过程中，即使我们每天都在进步，然而，前面那漫长的"28 天"因无法让人"享受"到结果，常常令人难以忍受。 人们常常只对"第 29 天"的希望与"第 30 天"的结果感兴趣，却因不愿忍受漫长的成功过程而在"第 28 天"时放弃。

每天进步一点点，它具有无穷的威力。 只是需要我们有足够的耐力，坚持到"第 28 天"以后。

每天进步一点点，需要每天都具体设计，认真规划，既不能急躁，又不能糊弄，更不能作假，因为这不是做给别人看，也不是要跟人交换什么，而是出于严于律己的人生态度和自强不息的进取精神。

每天进步一点点，没有不切实际的狂想，只是在有可能遥望到的地方奔跑和追赶，不需要付出太大的代价，只要努力，就可达到目标。

本书从思维、态度、方法、习惯、心态、性格等方面入手，全面阐述精进的方法与技巧。 只要你能每天勤奋一点点、每天美好一点点、每天主动一点点、每天学习一点点、每天创造一点点……只要每天进步一点点并坚持不懈，那么有一天你就会惊奇地发现，在不知不觉中，你已经完成了从平凡到卓越的蜕变。

2018 年 9 月

目　录

第一章

你需要最好的选择：

格局决定人生

成功从梦想开始

你心中怀有的梦想，你一直珍藏于心里的理想——这是你生活的基础，是你的未来。

梦想是所有成就的出发点，很多人之所以失败，就在于他们从来都没有梦想，并且也从来没有踏出他们的第一步。

钢铁大王卡耐基原本是一家钢铁厂的工人，但他凭着制造及销售比其他同行更高品质的钢铁而成为全美最富有的人之一，并且有能力在全美国小城镇中捐资建图书馆。

他的梦想已不只是一个愿望而已，它已形成了一股强烈的欲望。 只有发掘出你的强烈欲望才能使你获得成功。

研究这些已获得成功的富豪时，你会发现，他们每一个人都有自己的梦想，都已定出达到梦想的计划，并且花费最大的心思和付出最大的努力来实现他们的梦想。

我们每个人都希望得到更好的东西，如金钱、名誉、尊重等，但是大多数人都仅把这些希望当作一种愿望而已。 如果知道希望得到的是什么，如果对实现自己的梦想的坚定性已到了执着的程度，而且能以不断的努力和稳妥的计划来支持这份执着的话，那你就已经是在实践梦想了。 所以说，认识愿望和强烈欲望之间的差异是极为重要的。

迈克尔·戴尔是世界第四大个人电脑生产商。

戴尔是在得克萨斯州的休斯敦市长大的，有一兄一弟，父亲亚历山大是一位畸齿矫正医生，母亲罗兰是证券经纪人。戴尔在少年时期就勤奋好学,十来岁就开始了赚钱生涯——在集邮杂志上刊登广告,出售邮票。后来,他用赚来的 2000 美元买了一台个人电脑,然后,把电脑拆开,仔细研究它的构造及运作并多次安装成功。

戴尔读高中时,找到了一份为报商征集新订户的工作。他推想新婚的人最有可能成为订户,于是雇请朋友为他抄录新近结婚夫妇的姓名和地址。他将这些资料输入电脑,然后向每一对新婚夫妻发出一封有私人签名的信,允诺赠阅报纸两星期。这次他赚了 1.8 万美元,买了一辆德国宝马牌汽车。汽车推销员看到这个 17 岁的年轻人竟然用现金付账,惊愕得瞠目结舌。

大学期间,戴尔经常听到同学们谈论想买电脑,但由于售价太高,许多人买不起。戴尔心想:"经销商的经营成本并不高,为什么要让他们赚那么丰厚的利润?为什么不由制造商直接卖给用户呢?"戴尔知道,万国商用机器公司规定,经销商每月必须提取一定数额的个人电脑,而多数经销商都无法把货全部卖掉。他也知道,如果存货积压太多,经销商会损失很大。于是,他按成本价购得经销商的存货,然后在宿舍里加装配件,改进性能。这些经过改良的电脑十分受欢迎。戴尔见到市场的需求巨大,于是在当地刊登广告,以零售价的八五折推出他那些改装过的电脑。过了不久,许多商业机构、医疗诊所和律师事务所都成了他的顾客。

由于戴尔一边上学一边创业,父母一直担心他的学习成绩会受到影响。父亲劝他说:"如果你想创业,等你获得学位之后再说吧。"

戴尔当时答应了，可是一回到奥斯汀，他就觉得如果听父亲的话，就是在放弃一个一生难遇的机会。

"我认为我绝不能错过这个机会。"于是他又开始销售电脑，每月能赚5万多美元。

戴尔坦白地告诉父母："我决定退学，自己开公司。"

"你的梦想到底是什么?"父亲问道。

"和万国商用机器公司竞争。"戴尔说。

和万国商用机器公司竞争? 他的父母大吃一惊，觉得他太不自量力了。但无论他们怎样劝说，戴尔始终不放弃自己的梦想。终于，他们达成了协议：他可以在暑假试办一家电脑公司，如果办得不成功，到9月就要回学校去读书。

得到父母的允许后，戴尔拿出全部的积蓄创办了戴尔电脑公司，当时他19岁。他以每月续约一次的方式租了一个只有一间房的办事处，雇用了一名28岁的经理，负责处理财务和行政工作。在广告方面，他在一个空盒子底上画了戴尔电脑公司第一张广告的草图，朋友按草图重绘后拿到报馆去刊登。戴尔仍然专门直销经他改装的万国商用机器公司的个人电脑。第一个月营业额便达到18万美元，第二个月是26.5万美元，仅仅一年，便平均每月售出个人电脑1000台。

积极推行直销、按客户的要求装配电脑、提供退货还钱以及对失灵电脑"保证翌日登门修理"的服务举措，为戴尔公司赢得了广阔的市场。大学毕业的时候，戴尔的公司每年营业额已达 7000 万美元。此后，戴尔停止出售改装电脑，转为自行设计、生产和销售自己的电脑。

如今，戴尔电脑公司已经是世界顶级企业了。

假如戴尔不是从小就有梦想，没有种植梦想的观念，显然他是不可能成为当今世界最年轻的富豪之一的。

合理地设定目标

新时代的到来使得每一个人最大限度地拥有了人生自主权，每一种人生都将因为不同的操作理念而呈现出不同的结果。有的人一生都不明白自己到底喜欢什么、擅长什么、追求什么、得到什么，一生过得懵懵懂懂；而有的人很早就懂得自己要得到什么，并且依此来制订人生计划。一个有毅力、有智慧的人，只要有目标，成功距其并不遥远。

"我要做总统。"克林顿 17 岁时就确立了这一目标，并且持续不懈地为之奋斗，终于入主白宫。

"我要让每一个家庭的办公桌上都有一台小型电脑。"就是这一目标让比尔·盖茨成为世界首富。

"我一定要考上北京大学。"山东一个农村的小女孩，怀着这一梦想，8 年之后以山东文科第一名的成绩考入北大。

畅销书《心灵鸡汤》的作者之一马克·汉森，幼年时就定下一个"具体的、特定的"目标："希望一年内拥有一部脚踏车。"他为实现目标，不畏严寒在冰雪纷飞的冬天里出门推销卡片，因为天寒而流鼻涕的模样可怜又可爱，赢得了大人的关怀喜爱，他卖出了超乎想象数量的卡片，终于心想事成，为自己买下第一部脚踏车。

有特定、具体的目标，才会让一个人专注于目标的实践，自然就会达成你想要的。目标是对于所期望成就事业的真正决心。世界上许多成功的人士，他们之所以取得很大的成就，全在于相同的第一步：设定一个期望的目标，而不是像某些人所认为的他们的成功来自于"运气好""占了天时地利"或"上天眷顾"。

年轻人生命的悲哀不在于目标未达成,而在于没有目标可以达成。 年轻人拥有人类最珍贵的资本——年轻。 可是很多人没有自己的人生目标,浑浑噩噩地度过一生,如果你渴望成为同辈中的佼佼者,如果你还没有自己的奋斗目标,如果感觉自己以前浪费了时间,现在定下自己的目标还来得及。 就这样,在这个阳光明媚的日子里,怀抱着自己已逐渐清晰的人生蓝图向着未来遥望!

那么,如何设定目标呢? 一般来说,合理地设定目标需要注意三大原则与四大因素。

原则一:量度具体性原则

如果你想说"我要发达""我要做个很富有的人""我要拥有全世界""我要做李嘉诚"……那么可以肯定你很难富起来,因为你的目标是那么抽象、空泛,而且这是极容易变化的目标。 目标最重要的是要具体可数,比如,你要从什么职业做起,要争取达到多少收益等。 此外,这个目标是否有一半把握可以成功? 如果没有一半把握成功的话,请暂时把目标降低,务求它有一半成功的把握,当它成功后再来调高。

原则二:时间具体性原则

要完成整个目标,你要定下期限,在何时把它完成。 你要制定完成过程中的每一个步骤,而完成每一个步骤都要定下期限。

原则三：方向具体性原则

做什么事，必须十分明确，不可一曝十寒。如果你要完成一个目标，必然会遇到无数的障碍、困难和痛苦，使你远离或脱离目标路线。所以必须了解你的目标，必须预料你在达到目标过程中会遇到什么困难，然后逐一把它们详尽地记录下来，加以分析，评估风险，把它们依重要性次序排列出来，与你的朋友研究商讨，加以解决。

下面，我们再来看一下设定目标的四大因素。

因素一：了解你想做什么

人的一生到底想做什么？有人会说："我想明年夏天到夏威夷度假，我梦想到澳大利亚度假，可现在我还支付不起旅游费用。"或者，"我能做我想做的，可事实上我所做的只是我丈夫想做的。"

若按人与愿望的关系分类，则可将人分为：

（1）确切知道自己在生活中想做什么并且去做的人。

（2）不知道也不想知道自己想做什么的人。他们害怕自己有理想。他们说："我实际想要的东西，从来没得到过。所以，我干脆也不去想了。"他们宁愿想别人也想的东西和不会给他们带来任何冒险的东西。这些人实际上并不知道他们想要做什么，还不等一个愿望出现在他们的意识中，就已被他们扼杀在摇篮里。"我能做到吗？我有资格做吗？别人将会怎么说呢？如果我不能胜任它，结果会怎样呢？"如果说这些人也想做些什么的话，那也就只是做些别人想做的而不是他们自己想做的。

（3）一类是看起来非常清楚自己想做什么，而实际上他们对此却一无所知的人。 他们与上面提到的两类人的区别只在于：他们非常重视给别人留下一种印象，那就是好像他们知道自己想做什么。 这使得他们比较自信，看起来也比别人略高一筹。

（4）这些人在现实生活中很常见：什么都知道的人，至少他们对什么都了解得比较清楚。

因素二：了解你能做什么

很多人根本不知道自己能做什么，这正如那些不知道自己想做什么的人一样。 这种人也可划分为三类：过低估计自己的人；无限高估自己的人；正确估计自己的人。

很多人过低估计自己，而且又不尝试做些事情去发挥自己的能力，这绝非偶然。 他们早就认识到，适应社会是件很惬意的事情。 他们的行为准则是中庸的，他们追求平均，而且不想全部发挥出实际能力。

1974 年，在英国的一所学校，教师对学生做了一项调查：50 个学生中只有一个具有天赋。 按照他们对"天赋"的理解，他们承认孩子们具有潜在的超常能力。 但拥有这些超常的能力又能怎样呢？ 教师必须承认：他们压制了它们，在教学上一味地搞平均主义、一味地折中，直至大多数具有天赋的学生也渐渐适应了中庸。 学生们深信：只有我得了高分才会得到承认，而当我致力于我的兴趣爱好并继续发展时，我就得不到承认。所以，他们从来都不知道自己能做什么。

有些大学毕业生也承认，对于毕业后的去向，他们一点概念都没有。 他们评价自己的标准是自己在别人眼中的价值，而不是根据他们的实际能力去评判。

因素三：将愿望和能力、现实相统一

拥有一份计划就是将我们想做和我们能做的与现实相统一。这是因为，只有将我们实现愿望的多种情况都考虑在计划之内，我们的愿望才能得以实现。

随着物质生活水平的不断提高，许多人渐渐失去了他们的正确判断力，他们期望得到的钱远远高于他们所赚的钱。屡屡更新和越来越吸引人的供应诱使着他们去突破他们的支付能力，他们进行超前消费，不断欠债。

他们不再为自己和家庭购置他们所实际能置办得起的东西，他们一味地购置他们所希望置办的、在将来的几年内才能置办得起的东西。这使得他们不断地欠债。

许多人都会有这样的念头："我可以拥有我的邻居和我的朋友们所拥有的一切！"他们所要得到的东西，不再由他们实际的需求和支付能力来决定，而是由供应来决定。

他们愿望的实现也就不能与他们的能力相统一，也就缺乏与现实的联系。他们因透支自己的能力而依赖于他人，进而几乎不再考虑他们的实际支付能力。许多人在找工作时，都注重找一份能多赚钱、看起来又稳定的工作，而不是找一份自己喜欢做的工作。

简而言之，我们所有愿望的极限是我们自己。我们应该了解：我们今天能做什么，要想获得幸福，我们必须动用我们所拥有的一切。大多数人都心存不满，其原因只有一个：他们至今都不懂如何从自己的生活现实出发，去做得更好。

因素四：为了达到目标，首先要学会放弃

人们往往认为他们不应错过生命所赋予的一切。那种抑制不住的贪婪欲望促使他们想知道一切、达到一切、拥有一切，搞得自己的一生就像是在进行百米赛跑。

忙于不错过一切，使得绝大多数人排挤掉了这个不容改变的现实：在生活中没有任何东西让我们不为它付出相应的代价，这种代价就是放弃。

因为我们总是在想"我们想得到什么"，而不去想为了得到它们，我们必须放弃什么，所以很多人的一生中都充满了不断的沮丧。他们想拥有别人所拥有的一切，想立即拥有并尽可能地拥有。当然他们还想拥有永远的安全，而在这种安全第二天就消失时，他们会感到极度失望。

为什么？答案非常简单：他们制定了一个目标、一份计划，但他们没有同时决定为了达到这一目标自己应放弃什么。

所以，拥有一份计划必须毫不犹豫地去实施这份计划，对诱人却不容易实现的计划必须舍得丢弃。

时时盯着箭靶的位置

当你朝着自己的目标前进时，你只要放眼往前看，能看多远，就能走多远。 当你到达"目"力所及的地方时，你会发现，你还能看得更远……

人总是为着某种目标而生活，有了目标，人生就有了意义、有了方向、有了追求。 一个人如果没有目标，就像射箭不知道箭靶的位置，就永远无法射中它。 成功者之所以能够成功，最重要的一个因素就是目标明确，时时盯着自己箭靶的位置。

有一艘三桅帆船在南海陷入狂风暴雨之中，为了减少风雨对船身的威胁，水手们卸下了两面船帆，正要卸下第三面船帆时，却发现齿轮出现了毛病，根本无法操作船帆升降。船长只好选派一名年轻的水手爬到桅杆的顶端，去解开系住船帆的缆绳。这位水手在风雨摇晃船身的情况下，即将爬到桅杆的顶端时却胆怯起来，他紧紧抱住桅杆，不敢再移动分毫。虽然甲板上的人们都为这年轻水手加油打气，但年轻水手却手脚颤抖地大叫："没办法，这儿太高，太摇晃……"一位老水手对年轻水手说："全船人的生命都操在你手中，现在听我的话，千万不要往下看，集中你的注意力在桅杆的顶端，看着你要解开的那条缆绳！"

年轻水手听了老水手的话，便抬头望向桅杆顶端的缆绳。只见他三两下就爬了上去，顺利地解开系住的缆绳，巨大的船帆急速落了下来。

老水手的话是提醒年轻水手如何去解缆绳，其实也道出了目标的重要性。有了目标，人的精力就能凝聚到一个焦点上，避免被那些不相干的事分散注意力，这时，人就会不由自主地朝着目标前进。

有人常向世界歌坛的超级巨星鲁契亚诺·帕瓦罗蒂讨教成功的秘诀，他每次谈到目标凝聚了自己的全部精力时，总要提到父亲说过的一句话。刚从师范学校毕业时，他既痴迷音乐，又想去当教师。父亲对他说："如果你想同时坐在两把椅子上，你可能会从椅子中间掉下来，生活要求你只能选择一把椅子坐上去。"帕瓦罗蒂听从了父亲的话，只选择了一把椅子——音乐。经过14年的努力与奋斗，他最后终于登上了大都会歌剧院，成了超级巨星。

一个人的成功与他的目标定位准确是分不开的。有了准确的定位，就会按照自己的信念和目标来指导自己的一言一行，即使遭受挫折和失败，也会跌倒了爬起来，再跌倒再爬起来。目标定位准确，容易成功；目标定位不准确，就很难成功。因为一个人也许在这项职业上平庸无奇，而在另一项事业上却能大放异彩，所以在选择目标时，应该先给自己提供多种尝试的机会，"让生命多次曝光"，看看自己的才华在哪个方面最能得到发挥。

目标的定位既要从实际出发，又要尽可能地让它越远大越好，就像日行百里的人和日行十里的人，精神状态就不一样，攀登高山的人与爬山坡的人发挥出的潜能也不相同。我们常常听到田径教练对跳远的运动员说："跳远的时候，眼睛看远些，你才能跳得更远。"一个人追求的目标越远大，战胜压力的力量就越强，才力才会发展得越来越快、越来越大。

人们常常认为，目标远大，难以实现。其实事情的易难不在大小，最最重要的是：要有一个明确的目标，一个你真正想要去完成的目标。有了真正想去完成的目标，就能不断地、生动地把这个大目标向自己灌输，使目标更加清晰、更加深刻，并且把它看作一个已经实现了的事实，这样你就会产生一种"稳操胜算"的心理。有了成功的心理，并且全力以赴地付诸行动，再大的目标也能实现。

我们知道了箭靶的位置，就能设定明确的目标，但是还将面临一个逐步落实和实施的过程。比如说一个建筑公司希望在6个月内盖一栋5层的楼房，他们可能要用一个月打地基，然后再以一个月一层的速度修建。做事情也是一样。事情只能一步一步地做，目标也只能一个一个去实现。我们做每件事都需要预先设置一个具体的目标，然后踏踏实实、认认真真地工作，这样才能一步步地靠近和完成我们的既定目标。

下面，不妨先做个实验：组织两组人，分别沿着两条10千米的路向同一个村子前进。

两组的差别在于：第一组不知道村庄的名字，也不知道路程的远近，只告诉他们跟着向导走就行。而第二组的人不仅知道村子的名字、路程，而且公路上每一千米就有一块标明里程的牌子。

结果，第一组的人刚走了两三千米就有人开始叫苦；走了一半时有人几乎愤怒了，他们抱怨为什么要走这么远，何时才能走到；走了一多半时有人甚至坐在路边不愿走了，越往后走他们的情绪越低落。而第二组的人则边走边看牌子，每缩短一千米大家便有一小阵的快乐，行程中他们用歌声和笑声来消除疲劳，情绪一直都很高昂，所以很快就到达了目的地。

事实证明，只有具体、明确的目标才具有指导行动和激励自己的价值。只有充分地了解你在特定的时限内应完成特定的任务，你才会集中精力去调动潜力，为实现既定的目标而奋斗。如果没有明确具体目标的时限，任何人都难免精神涣散、无精打采，要完成既定的目标也是难上加难。

25岁的时候，雷因因失业而挨饿。他白天就在马路上闲逛，目的只有一个——躲避房租和讨债。一天，他在42号街碰到著名歌唱家夏里宾先生，雷因在失业前曾经采访过他，但是，他没想到的是，夏里宾一眼就认出了他。

他问雷因："很忙吗?"雷因很含糊地回答了他，他想夏里宾先生一定是看出了他的遭遇。

夏里宾先生说："我住的旅馆在第103号街，跟我一同走过去好不好?"

雷因犹豫了:"走过去? 但是,夏里宾先生,60 个路口,可不近呢。"

夏里宾先生说:"胡说,只有 5 个街口。"

雷因不解。

夏里宾先生说:"是的,我说的是第 6 号街的一家射击游艺场。"

这话有些答非所问,但雷因还是顺从地跟他走了。

到达射击游艺场时,夏里宾先生说:"现在,只有 11 个街口了。"

不多一会儿,他们到了卡纳奇剧院。

夏里宾先生说:"现在,只有 5 个街口就到动物园了。"

最后又走了 12 个街口,他们才在夏里宾先生住的旅馆前停了下来。奇怪的是,雷因并没有感到太疲惫。

然后,夏里宾给他解释为什么步行却没有疲惫感的原因:"今天的走路,你可以常常记在心里,这是生活中的一个教训。你与你的目标无论距离有多远,都不要担心。把你的精神集中在 5 个街口的距离,别让那遥远的未来令你烦闷。"

1985 年,在东京国际马拉松邀请赛中,名不见经传的日本选手山田本一出乎意料地夺得了世界冠军。当记者问他凭什么取得如此惊人的成绩时,他说了这么一句话:"凭智慧战胜对手。"人们都觉得这只是一次偶然。

可是，两年后，意大利国际马拉松邀请赛在意大利北部城市米兰举行，山田本一代表日本参加比赛，这一次，他又获得了世界冠军，不禁令人对他刮目相看。后来，人们在山田本一的自传中找到了答案："在每次比赛之前，我都要乘车把比赛的路线仔细地看一遍，并把沿途比较醒目的标志画下来，比如第一个标志是银行，第二个标志是一棵大树，第三个标志是一座红房子……这样一直画到赛程的终点。比赛开始后，我就以百米的速度奋力地向第一个目标冲去，到达第一个目标后，我又以同样的速度向第二个目标冲去，40多千米的赛程，就被我分解成这几个小目标轻松地跑完了。"

如果我们对目标的期望太高，事情发展的结果往往会事与愿违，期望越高，失望就越大，所以我们应该追逐那些同我们自身的能力基本上相吻合的目标。尽管有时候目标同自己的能力大小互相吻合，但由于客观条件的影响，也会导致失败，这时我们就更应注意调整自己的目标，减少因此而可能带来的一些失望情绪。

成功从来就不是一蹴而就的事，需要循序渐进、步步为营。许多人做事之所以会半途而废，并不是因为困难大，而是自己觉得与成大事者距离较远，正是这种心理上的因素导致了最终的失败，但是我们若把很长很长的一段距离分解成若干个距离段，逐一跨越，自然会轻松许多。

谁都不可能一口气吃成个大胖子，很多事情都是这样，在做出了长远的发展规划之后，我们下面着手要做的就是，一步一步分阶段、分步骤地实施最终的目标。

  赵本山曾在某年度春节联欢晚会上说过这样一个笑话："请问，把大象放进冰箱需要几个步骤？"回答者茫然不知所措。答曰："把大象放进冰箱需要三个步骤。一把冰箱门打开，二把大象放进去，三把冰箱门关上。完了。"

  结合这个笑话，我们不妨想想我们需要做的事情需要几个步骤。 不论目标看起来多么困难和遥远，只要我们像放置大象那样，把过程切割成一个个的小目标和阶段来实施，那么这些所谓的问题都将不再是什么问题了。

养成制订计划的习惯

当一个人养成制定目标、完成计划的习惯时，他已经成功了一半。任何微小的工作，无论多么枯燥沉闷，都会使我们更加接近最终的胜利。

当一个人有了明确的目标以后，应该制订一个行动计划。光有梦想和伟大的目标是不够的，你还要运筹帷幄，制订出如何实现目标的"策略、战术、程序和方法"的详细计划，然后才能依计行事，达到目标。这就是一个人养成制订行动计划的习惯的重要性，你可以从以下几点做起。

第一步：编织梦想，写下心愿

包括你想拥有的、你想做的、你想成为的、你想散播的。现在请坐下来，拿一张纸和一支笔，动手写下你的心愿。要记住，一动笔就不要停下来，写 10 到 15 分钟。你在写的时候，不必管那些目标该用什么方式去实现，就是尽量写，不要受限制。另外，你写得越简明越好，这样才能立即接续下一个目标。这些目标可能有关你的工作、家庭、情绪、交友、健康、生活等，别将自己框住，涵盖越广越好，你要掌握住每一件与你有关的事，因为要达成目标的第一步，就是要知道它是什么结果。

另外，你要以游戏的态度来设定目标，如此才能使心灵任意驰骋，否则心灵受限，将来的成就亦会受限。

现在，就进行第一步，写下你的心愿吧！

第二步：预期希望实现的期限

你希望目标何时实现呢？ 是 6 个月、1 年、2 年、5 年、10 年，还是 20 年？ 告诉你，如果你的目标有实现的时限，对你会有很大的帮助。 很可能有些目标伸手可及，另外有些目标却遥遥无期。 如果你的目标多半是近程的，那么你就得把眼光放远，找出一些潜在而有可能实现的目标；如果你的目标多为远程的，那么你就得设定一些阶段性的目标。

第三步：将本年度最重要的 4 个目标列举出来

从你所列的目标里选择你最愿意投入的、最让你兴奋的、最能令你满足的 4 个，并把它们写下来。 现在你应明确地、扼要地、肯定地写下你实现它们的真正理由，告诉你自己能实现目标的把握和它们对你的重要性。

第四步：核对你所列的重要目标

你对所列的目标是否肯定？ 对预期结果的感觉是否具体？ 这些目标是否在实现的过程中能查验出来？ 当你达成目标时，可能会有什么感受呢？ 如果你达到了目标，带来的结果是不是对你及社会都有利呢？ 如果答案是相反的，那么你就要审视一下了。

第五步：将你现有的各种重要资源列举出来

列出一张你所拥有资源的清单，里面包括自己的个性、朋友、财物、教育背景、时限、能力以及其他相关的东西。 这份清单越详细越好，并学会使用这些资源。

第六步：回顾过去，总结经验

有哪些你所列的资源曾运用得很纯熟。 回顾过去，找出你认为最成功的两三次经验，仔细想想是做了什么特别的事才使得事业、健康、财务、人际关系方面获得成功，请记下这个特别的原因。

第七步：列出实现目标应具有的条件

如果你想得到很好的教育和训练，如果你想做个突出的企业家，你就得列出实现它的能力和条件。

第八步：写下你不能在短时间内实现目标的原因

首先，你要解析自己的个性，看看是什么原因妨碍你前进。 是你不懂如何计划，还是你不知如何执行？ 是你分身乏术，还是你太过于专注于一件事情？ 是得失心太重，还是不敢尝试？ 总之，你要克服自我设限，并去认识它。

要想顺利达成目标，要有循序渐进的计划，就像盖房子一样，首先要有规划图、有计划，你才能知道怎么进行，否则你只是把木板胡乱拼凑，那是不会成功的。 人生也是如此，现在你就得画出自己的蓝图，追求成功。

第九步：制定出实现重要目标的步骤

记住，从你的目标往后定步骤，并且自问，第一步该如何做才能成功。 或者，目前是什么因素妨碍了你前进，你该如何改变自己。 请记住，你的计划一定要包含今天你可以做的，千万不要好高骛远。

第十步：为自己找一些效法的典范

从你周围或名人当中找出三五位在你目标领域中有杰出成就的人，简单地写下他们成功的特征和事迹。在你做完这件事之后，请闭目沉思一会儿，仿佛他们每一个人都会给你提供一些能实现目标的建议，记下他们每一位建议的重点。这些重点可能包括应避免的路障、突破限制的方法、应注意的地方、应寻求的事物等。在每句重点之下记上他们的名字，就像他们在跟你私下交谈一样。即使你不认识他们，但通过这个过程，他们就已经成为你追求成功的最佳顾问了。

卡耐基希望能成为一位富有、成功的生意人，因而向洛克菲勒学习；史匹柏在还没受雇于环球制片公司之前，便向里面的工作人员学习。事实上，每一位有重大成就的人都有一位被效法的典范，在引导着他朝着正确的方向前进。

第十一步：认真计划每一天

你要做什么？你希望和谁在一起？你要如何开始这一天？你要得到什么结果？希望你从起床开始，一直到上床休息，全天都有妥当的计划。别忘了，你所有的结果与行动都来自于内心的构想，因此就照你所期望的方式，好好计划你的每一天吧！

第十二步：为自己创设一个清晰的远景

如果你对自己所盼望的生活没有清楚的概念，又怎能实现它呢？如果你不知道自己理想的远景是什么，又怎能创造出它呢？记住，头脑中要有清楚而明确的信号，才能引导你到自己想要去的地方。

如果你不知道自己未来的远景，你就永远到不了那里；如果你没有自己的主见，别人就会成为你的主人；如果你对自己的未来没有计划，你就会成为别人计划里的一颗棋子。 因此，你要做好前面的练习，不然你永远无法在心里产生能助你成功的信号，引导你走上正确的方向。 或许这些练习一开始做起来并不容易，但是请相信，它们对你会有很大的帮助，并且使你越做越觉得有意思。

很多人的一生过得庸庸碌碌，殊不知成功藏在辛勤工作的背后，这样的人没有在辛勤工作中找到意义或规划过目标。 的确，好好计划自己的未来，按部就班地前进是一件艰难的工作，这也就是为何人们迟迟不规划自己的人生，因而落入仅求养家糊口的地步的原因。

有人常常抱怨："计划没有变化快。"但是当你发现计划有失误的时候，当你发现计划不能帮你实现目标的时候，你就应该去改变它。

所以，"计划没有变化快"尽管有它的道理，但是它的意义不是叫你不要制订计划，而是叫你制订多套计划。

就好像从长沙到上海，你可以选择坐飞机，可以选择坐火车，也可以选择在不同的时间到达。 你应该有不同的计划，如果你坐的火车可能会误点，你可以选择乘飞机或其他交通工具。 方法有多种，甚至你可以走路去，当然那是最慢的方式，但也是一种方法。 当你发现你的方法效率很低的时候，就应立刻改变。

很多人都忽略了一个概念，就是计划必须要有三四套以上。 他们以为有一套计划就能成功了，所以当发现中间有失误时，往往会措手不及，导致无法实现目标，这是很多人失败的原因，也是很多人过去没有注意到的一点。

　　每一个人都有思考盲点，但就是因为这些盲点你看不见，所以需要通过别人来帮你看。 当你看到这本书的时候，可能就突破了你的某些盲点，这就是为什么要看书、要学习的原因。

　　所以，一定要锁定目标，一旦如此，任何目标都有可能实现。 当发现目标不能够达到的时候，就立刻采取下一套计划。随时修正、检视目标，这就是成功的秘诀。

　　菲尔德爵士指出，如果你立下的目标变得更加灵活时，你就会发现，一些美妙的事情开始发生了，你会觉得更放松，并且你不会损失任何生产力。 你甚至可能会更加多产，因为你不必花费太多的精力在焦虑和烦恼上。 你要学会遵守最后期限达到目标，尽管事实是必须轻微地改动你的计划或完全地改变。同时，你周围的人也会觉得更加轻松。

第二章

时间的力量：
别让将来的你，埋怨现在不懂珍惜的自己

最大的浪费就是浪费时间

　　成功人士之所以能取得成功，很重要的一点就在于他们意识到了时间的宝贵。 有人问发明家托马斯·爱迪生，世界上最重要的东西是什么？ 他的回答是"时间"。

　　利用好时间是非常重要的，一天的时间如果不好好规划一下，就会白白浪费掉，就会消失得无影无踪。 经验表明，成功与失败的界线在于怎样分配时间，怎样安排时间。 时间的差别非常微妙，要过几十年才看得出来，但有时这种差别又很明显，贝尔就是个例子。

　　贝尔在研制电话机时，另一个叫格雷的人也在进行这项试验。两个人几乎同时获得了突破，但是贝尔到达专利局比格雷早了两个小时，当然，这两人是不知道对方获得了突破的，但贝尔就因这 120 分钟而取得了成功。

可见，时间对于一个成功者有多么重要。

　　在富兰克林报社前面的商店里，一位犹豫了将近一个小时的男人终于开口问店员了："这本书多少钱?"

　　"1 美元。"店员回答。

　　"1 美元?"这人又问，"你能不能少要点?"

　　"它的价格就是 1 美元。"没有别的回答。

这位顾客又看了一会儿，然后问："富兰克林先生在吗？"

"在，"店员回答，"他在印刷室忙着呢。"

"那好，我要见见他。"这个人坚持一定要见富兰克林，于是，富兰克林出来了。

这个人问："富兰克林先生，这本书你能卖出的最低价格是多少？"

"1.25 美元。"富兰克林不假思索地回答。

"1.25 美元？你的店员刚才还说 1 美元一本呢！"

"这没错，"富兰克林说，"但是，我情愿倒给你 1 美元也不愿意离开我的工作。"

这个顾客不甘心，又磨蹭了一会儿，见没用，就说："那么，好吧，1.25 美元，我买了。"

谁知富兰克林说："不，1.5 美元。"

顾客不相信自己的耳朵："1.5 美元？你怎么又改了？"

富兰克林说："是的。到现在为止，我因此而耽误了的工作时间的价值要远远大于 1.5 美元。"

这人默默地把钱放到柜台上，拿起书出去了。

富兰克林给我们上了终生难忘的一课：对于有志者，时间就是金钱。

发明家、作家、政治家本杰明·富兰克林曾对时间做过如此的阐述："你热爱生命吗？那么，别浪费时间，因为时间是组成生命的材料。"

虽然时间很重要，但是大部分人都在抱怨他们的时间不够多，事情做不完。是时间比较偏爱成功者吗？其实对于每个成功的人来说，他们的时间之所以可以支配得很好，是因为他们很善于管理自己的时间。时间是最重要的资产，每一分、每一秒逝去之后再也不会回头，问题是如何有效地利用时间。

研究时间的管理之道，首先必须知道，一个小时没有 60 分钟。事实上，一个小时内只有利用到的那几分钟而已。大家一天要浪费几个小时呢？如果真想知道，不妨来做一个实验。首先，找一份记事历，把每一天划分成 3 个 8 小时的区域，然后再把每个小时分成 60 分钟的小格。在这整个星期里面，随时把所做的事情记录在划分的表格里，连续做一个星期试试看，再回头来检查一下记事历，就会发现，由于拖延和管理不当，浪费了多少宝贵的光阴。

当人们了解到是如何在使用时间之后，再回头重做一次实验。这一次多用点心，计划好时间，把需要做及想要做的事仔细安排进时间表，再看效率是否提高了。

记住，时间是世界上最宝贵的东西，如果你懂得珍惜并善于管理它，它就会在你身上发挥最大的效力，你会因此而成为最成功的人。

历数古今中外一切有大建树者，无一不惜时如金。古书《淮南子》有云：“圣人不贵尺之璧，而重寸之阴。”汉乐府《长歌行》有这样的诗句：“百川东到海，何时复西归？少壮不努力，老大徒伤悲。”晋朝陶渊明也有惜时诗：“盛年不重来，一日难再晨。及时当勉励，岁月不待人。”

一个人越懂得时间的价值，就越倍觉失去时间的痛苦。

爱迪生在工作中，最经常提到的词就是"时间"。他一生只上过 3 个月的小学，他的学问是靠母亲的教导和自学得来的。他的成功应该归功于他母亲自小对他的谅解与耐心的教导，才使原来被人认为是低能儿的爱迪生，长大后成为举世闻名的"发明大王"。

　　爱迪生从小就对很多事物感到好奇，而且喜欢亲自去试验一下，直到明白了其中的道理为止。长大以后，他就根据自己这方面的兴趣，一心一意做研究和发明工作。他在新泽西州建立了一个实验室，一生共发明了电灯、电报机、留声机、电影机、磁力析矿机、压碎机等总计两千余种东西。爱迪生丰硕的研究成果，使他对改进人类的生活方式做出了重大的贡献。

　　一天，爱迪生在实验室里工作，他递给助手一个没上灯口的空玻璃灯泡，说："你量量灯泡的容量。"他又低头工作了，过了好半天，他问："容量多少?"他没听见回答，转头看见助手拿着软尺在测量灯泡的周长、斜度，并拿了测得的数字伏在桌上计算，他说："时间，时间，怎么费那么多的时间呢?"爱迪生走过来，拿起那个空灯泡，向里面灌满了水，交给助手，说："把里面的水倒在量杯里，马上告诉我它的容量。"助手立刻读出了数字。

　　爱迪生说："这是多么容易的测量方法啊，它又准确，又节省时间，你怎么想不到呢? 还去算，那岂不是白白地浪费时间吗?"助手的脸红了。然后，爱迪生喃喃地说："人生太短暂了，太短暂了，要节省时间，多做事情啊!"

　　有的青少年很羡慕美国、日本富裕的生活,然而,你知道他们是多么珍惜时间吗?　早在两百多年前美国还没独立的时候,美国启蒙运动的开创者、科学家、实业家和独立运动的领导人之一富兰克林就在他编撰的《穷理查年鉴》一书中,收录了两句在美国流传甚广、掷地有声的格言——"时间就是生命""时间就是金钱"。

　　诚然,一个人生命的价值在于他为社会创造的价值,但这种创造的价值却是随时间的延续来实现的。　试想,历史上那些为人类创造出许多物质财富和精神财富的科学巨匠、文艺大师,哪一个不是通过"惜时"把自己的人生体现得丰富而有意义呢?　歌德是举世闻名的大诗人,他的自述是他对时间的最好注释:"时间是我的财产,我的田地。"

　　鲁迅之所以能成功,有一个重要的秘诀,就是珍惜时间。鲁迅12岁在绍兴城读书的时候,父亲正患着重病,两个弟弟年纪尚幼,鲁迅不仅经常上当铺、跑药店,还得帮助母亲做家务。为了避免影响学业,他必须做好精确的时间安排。鲁迅几乎每天都在挤时间,他说过:"时间,就像海绵里的水,只要你挤,总是有的。"鲁迅读书的兴趣十分广泛,又喜欢写作,他对于民间艺术,特别是传说、绘画,也十分喜欢。正因为他广泛涉猎,多方面学习,所以时间对他来说实在非常重要。他一生多病,工作条件和生活环境都不好,但他每天都要工作到深夜才肯罢休。

　　在鲁迅的眼中，时间就如同他的生命，倘若无端地空耗别人的时间，其实是无异于谋财害命的。因此，鲁迅最讨厌那些成天东家跑跑、西家坐坐、说长道短的人，在他忙于工作的时候，如果有人来找他聊天或闲扯，即使是很要好的朋友，他也会毫不客气地对人家说："唉，你又来了，就没有别的事好做吗？"

　　朱自清在他的名篇《匆匆》中写道："洗手的时候，日子从水盆里过去；吃饭的时候，日子从饭碗里过去；默默时，便从凝然的双眼前过去。我觉察他去的匆匆了，伸出手遮挽时，他又从遮挽着的手边过去……"是的，时间在匆匆地流失，抓起来像金子，抓不住就像流水。

　　人们说时间就是金钱，这种说法低估了时间的价值，时间远比金钱更宝贵——通常如此。即使你富可敌国，也买不了比任何人多一分钟的时间。

　　任何一个成功者都是惜时如命的，他们不会无缘无故地浪费一秒钟的时间。在工作当中，你若想更好、更有效地提高工作效率，就必须充分利用你的每一分钟，改掉随意浪费时间的不良习惯。

　　进化论的奠基人达尔文从剑桥大学毕业时还是个无名小卒，他参加了环球考察，在"贝格尔"号轮船上，他珍惜每一天的时间，进行大量考察，搜集了足够研究 50 年的标本。在别人闲聊时，他坚持写航海日记，还与国内的科学界朋友保持书信联系，其中不少信件很快就被作为学术论文发表。当他踏上阔别了 5 年的国土时，他惊讶地发现自己已被称为海洋生物学专家了。 有人问他何以能做出那么巨大的成绩的时候，他回答说："我从来不认为半小时是微不足道的很短的一段时间。"

是的，在时间主人的眼里，这微不足道的很短很短的时间，却是一段可利用的很长很长的时间。

要知道，生命是一个时间的过程，谁将该做的事无端地向后拖延，谁就是在无端地浪费生命；谁重视时间，时间就对谁慷慨；谁会利用时间，时间就会服服帖帖地为谁服务。 切记，时间给丢失者留下的是遗憾和惆怅，给珍惜者献上的是壮美的人生。

人或许永远跑不过时间，但可以比原来跑得快一些，就算只快几步，这几步也可能会创造很多东西，可以推动社会的进步，可以在一个人岁月的长河中留下光辉的瞬间。 假如你现在还没有珍惜时间的好习惯，那么就赶紧培养起来吧！

为自己赢得更多的时间

人们把绝大部分时间用于与人打交道上，人生活在社会中，不可能不与别人打交道，只是程度不同而已。 在交往中为自己赚取时间可是一门必学的技巧，否则你的时间就会被别人占用。

每一个成功者都非常珍惜自己的时间，无论是老板还是打工族，一个做事有计划的人总是能判断自己面对的顾客在生意上的价值，如果有很多不必要的废话，他们都会想出一个收场的办法。 同时，他们也绝对不会在别人上班的时间去海阔天空地谈些与工作无关的话，因为这样做实际上是在妨碍别人的工作，浪费别人的生命。

美国金融大王摩根每天上午 9 点 30 分准时进入办公室，下午 5 点回家。有人对摩根的资本进行了计算后说，他每分钟的收入是一万美元，除了与生意上有特别关系的人商谈外，他与人谈话绝不超过 5 分钟。

摩根总是在一间很大的办公室里与许多员工一起工作，他会随时指挥他手下的员工，按照他的计划去行事。如果你走进他那间大办公室，是很容易见到他的，但如果你没有重要的事情，他是绝对不会欢迎你的。

摩根能够轻易地判断出一个人来接洽到底是为了什么事。你对他说话时，一切转弯抹角的方法都会失去效力，他能够立刻判断出你的真实意图，这种卓越的判断力使摩根节省了许多宝贵的时间。有些人本来就没有什么重要事情需要接洽，只是想找个人来聊天，而耗费了工作繁忙的人许多重要的时间。摩根对这种人简直是恨之入骨。

怎样赢得更多的时间呢？ 节约时间是基本的运筹原则。从时间中节约时间，用尽可能少的时间办尽可能多的事情，学习到更多的知识，从而极大地提高效率。 恩格斯指出，利用时间是一个极高级的规律。 古今中外的杰出人才都想方设法把一般人认为不屑利用或难以利用的时间利用起来，并创造了许多从时间中去找时间的切实可行的方法。 要想得到更多的时间，我们可以从以下几方面去考虑：

1. 善于制订计划，明确奋斗目标

要根据工作进度和自己的实际情况来安排计划，使自己清楚地意识到每天必须要完成的任务。 既然合理地利用时间可有效地提高人的工作效率，有助于人的成功，我们就应该在自己的日常生活中制订一个可行的、适宜自己的待办计划表。 待办计划表首先应该简单明了，可以让你在百忙中随意看几眼，就可以对所记内容一目了然，明白眼前需要做什么事。

2. 排除来自外界的干扰

有不少人承认，时间抓不紧或者被其他事情侵占，是由于自己缺乏毅力所造成的。 因此，要想获得更多的时间，就要在克服困难、实现志向的过程中磨炼自己的毅力。

另外，还要防止"不速之客"的干扰。不速之客是指未经预约的来访者。不速之客的干扰既浪费时间，又打乱了思路，使人难以专心。

3. 不断检查时间的利用率

每天要想一想：过去的一天完成了什么任务？花了多少时间，时间利用率如何？效果怎样？怎么改进？不断调整工作计划，使时间的利用率得到提高。

美国威斯汀豪斯电器公司前任董事长兼总经理唐纳德·C·伯纳姆提出了提高效率的三原则，这就是当你处理任何工作的时候，都要提出3个"能不能"的问题，以达到节约时间的目的。

（1）能不能取消它？那些完全不必去做的事情，那些完全不必应酬的交往，应该坚决"刹车"，"有所不为，而后有所为"，只有舍弃一些，才能得到一些。

（2）能不能与别的工作合并？这就叫合并节约时间法。把能够合并起来的事尽量合并起来办，一举两得，这就在无形中提高了效率。星期日去探望友人、同学，不妨在途中顺便跑跑书店。

（3）能不能代替它？为了达到某种目的，用费时少的办法去代替费时多的办法，殊途同归，可以节约很多时间。打电话同写信一样可以达到互相交流、传递信息的目的，但打电话可少费时间；骑自行车办事快就不要走路；看电影与看电视都可达到娱乐的目的，在家看电视就可节约路途往返的时间。由此可见，最简便的办法往往包含着较高的效率。

一项大的工作可以首先分解成若干小的部分，然后对每个小部分再问 3 个"能不能",提高效率的途径就更会逐步显现出来。

4.防止拖拉、疲沓

办事要防止拖拉、疲沓,以免误事。 英国著名的《帕金森定律》一书中有一段生动的描述:"一位闲来无事的老太太为了给远方的外甥女寄张明信片可以足足花一整天的工夫。 找明信片要一个钟头,寻眼镜又一个钟头,查地址半个钟头,写文章一个钟头零一刻钟,然后送往邻街的邮筒,究竟要不要带雨伞出门,这一考虑又去掉了 20 分钟。 照这样,一个忙人在 3 分钟里可以办完的事,在另一个人那里却要一整天的犹豫、焦虑和操劳,最后还不免累得七死八活。"

善于利用零碎时间

如同储蓄一样，时间也可以积少成多。富兰克林曾说："忽视当前一刹那的人，等于虚掷了他所有的一切。"人们常常以为，一天的时间并不算短，浪费上几分钟又何足道哉？但是，一天里能有多少个几分钟呢？你轻易放弃了眼前的几分钟，以后的那些几分钟大概也会有此下场。时间里面有数学，时间既是加法，又是减法。善于利用时间，积少成多，是加法；反之，看不起零星时间，随便弃之，丢一点少一点，就是减法了。人的一生亦然，既是加法，也是减法。对一个人的年龄来说，过一天，加一天；而对寿命来说，则是过一天，减一天。面对时间的减法，大可不必悲观，生活中正在流逝的分分秒秒固然瞬息即逝，但又是可以抓住的，因为它是现实的时间。俗话说："滴水可以穿石。"这正是时间的加法在起作用。

在火车上，一个年轻的小伙子一直不停地在写东西。坐在他旁边的中年男人很好奇，就凑过去看了看，原来他在给客户写短笺。这位中年男人对这个年轻人的行为很赏识，便称赞道："小伙子，我注意到了，在这两个小时里，你一直在给客户写信。你是一个出色的业务员。"

小伙子抬头微笑地看着这个男人说："是的，如果不是出差在火车上，现在正是我的上班时间，是我应该做这些事情的时候。"

中年男人对小伙子的这种敬业精神很感动，希望他能够成为自己的得力助手，于是说："我想聘请你到我公司来做事，尽管我知道你的老板肯定会很重视你，但是我提供给你的待遇绝对不会比他差。"中年男子充满期待地看着年轻人。

年轻人笑了笑，说："我就是老板。"

由此可以看出，真正有志于成功的人是善于利用空闲时间的。

时间很少整块地出现，而事情却常常需要集中处理。人们很难在短暂的时间内做出并实施一个计划，即使你很紧凑地安排了日程，也不可避免地会出现等车、等飞机和等人的空闲时间。出现空闲时间并不可怕，可怕的是浪费空闲时间。有效地利用这些零碎的时间吧！就像攒钱一样，一分一分地积累，到最后就会创造财富。

像故事中的年轻人一样，尽可能多地利用时间，在"闲暇"的时候工作和学习，其实这样并不难。等车的空当时间可以翻阅报纸和杂志，或者阅读短小的知识性文章；等人的时候可以和客户联系，扩展自己的关系网；甚至在上厕所的时候，也可以思考如何进一步开展自己的工作……总之，要利用这些零散的时间处理细小的环节，在"闲"的时候也不要"空"下来。

零星时间，它不像整的时间那样容易引起我们的重视，往往在不经意时就从我们身边溜走了。在开会时、在出差时、在工作时、在休息时等，都会有一些间隙时间。《三国志·魏书》中曾有"三余"之说，即"冬者岁之余，夜者日之余，阴雨者时之余"，均是可以利用的。因此，有人说，以分为单位计算时间的人比以小时为单位计算时间的人，其时间要多出59倍。

如果你是以小时来计算时间，当然不会在乎几分钟的时间，这些零星时间将被你视作无用的"零布头"，扫进垃圾堆。如果你是一个争分夺秒的人，这分分秒秒的时间就会被你派上用场，一天几十分钟，一年就是上万分钟，如果用之于阅读图书、杂志，可以看上几百万个字符，这是多么可观的一笔时间财富啊！

懂得零碎时间的价值是一回事，会不会巧妙地运用零碎时间又是另一回事。想要利用好零碎时间，就要掌握下面几点技巧。

1. 嵌入式

嵌入式即在空白的零碎时间里加进充实的内容。人们由某种活动转为另一种活动时，中间会留下一小段空白地带，如到某地出差时的乘车时间、会议开始前的片刻、找人谈话的等候时间等，对这种零碎的空余时间应该充分加以利用，做一些有意义的事情。

1849 年，恩格斯从意大利的热那亚坐船去英国。一路上，船上的旅客大多数在无聊地饮酒作乐，消磨时光，恩格斯却一直待在甲板上，不时地往本子上记录太阳的位置、风向及海潮涨落的情况。原来，他利用乘船时机正在研究航海学。

2. 并列式

并列式即在同一时间里做两件事。例如做饭、散步、上下班的路上，都可以适当地一心两用。不少人在下厨房做饭时，仍能考虑工作问题，有的还准备好笔和纸，一边干活，一边构思，对工作有什么新的想法，马上就记录下来。

3.压缩式

压缩式即延长自己某次活动的时间，把零碎时间压缩到最低限度，使一项活动尽快转为另一项活动，免去很长的过渡时间。

一位历史学家曾经说道："好些年总想找个比较长的完整时间写东西，可是总等不来，可以利用的时间也就轻易地滑溜过去了。如今一有时间就写，化零为整，许多零碎时间妥善地利用起来，不就是一个大整数？ 这笔账过去不会算，自己想想，真是蠢得可以。"

另外，善于运用零碎时间要做到随身"三带"：带笔、带本、带书(或报)。这样一可以见缝插针地学习，二可以随时把一些新的思想记下来，三可以记录一下自己零碎时间的利用情况。 据统计，能自觉地运用零碎时间的人只占3％～5％。 你若能成为这3％～5％中的一分子，那么你的事业离成功也就不远了。

如果能充分地利用好零散的时间，那么你就能更好地把握整段的时间了。 当你在这些隐藏的、短暂的时间里做了别人放弃的事情，那么你就会比别人快一步，人与人之间的差距往往就是这样拉开的。

不少有成就的人都是善用零星时间的高手，他们把被大多数人毫不在意的点滴时间利用起来，最终取得可观的收获。 诺贝尔奖获得者雷曼曾向人们介绍："每天不浪费或不虚度或不空抛剩余的那一点时间，即使只有五六分钟，充分利用，也一样可以有很大的成就。"

提高时间效率的方法

　　利用时间的关键是提高单位时间的产出，即时间效率系数。你要经常琢磨你的效率系数高不高，因为：有用功＝时间×效率系数。你若是老开夜车，这听起来很刻苦，但头昏眼花，实际上大脑的吸收率接近零，再多的小时数乘以零不都等于零吗？

　　提高时间效率系数，实质就是通过提高时间的质量，以赢得时间的数量，这是时间运筹中的精髓。要想提高时间效率系数，有4种途径可供参考：

1. 掌握最佳方法

　　　宋真宗大中祥符二年（1009年），丁谓负责修建玉清昭应宫。丁谓经过考虑发现有三难：宫中无土筑墙，要从几十里外运土进城难；大批竹、木等建筑材料要从外地运到宫中难；处理建筑后的破砖废石难。怎么办？

　　　经过苦苦思索，他终于精心设计了一个绝妙的施工方案：先把皇宫前的大路挖成深沟，就地取土烧砖筑墙，然后把汴河水引入沟中，建材用船运到工地，等宫殿修好后，再把垃圾填入沟中，修复大路。这样，一举三得，工程进度比预定的时间大大提前了。

　　由此可以看得出，掌握最佳的工作方法来提高时间效率具有巨大的生命力。

2. 保持良好的情绪

恶劣的情绪是人生成功之大敌，而良好的情绪可以加速生命的节奏，大大提高效率。

3. 集中注意力

有了良好的方法和情绪，如果不集中注意力，也难提高时效，平常说的"专则成，乱则废"就是这个道理。

4. 养成敏捷的习惯

要养成雷厉风行、办事敏捷的习惯，如果磨磨蹭蹭，事情永远都做不好。

除了上面这4种提高时间效率的途径外，许多成功人士还总结了下面这些有效利用时间的方法：

（1）把所有的时间都看作有用的。尽量从每一分钟里得到满足，这种满足是多方面的，它不仅包括取得一定的成就，也包括从消遣中得到的快乐等。

（2）尽量在工作中以苦为乐，要善于在枯燥乏味的工作中发现能够引起自己极大兴趣的因素，这样可以大幅度地提高工作效率，从而大大地节约时间。

（3）作为一个终生乐观者，尽量把烦恼和忧愁从自己的心中排除出去，这样就可以做到每一分钟都过得有意义、有价值。

（4）在工作中一定要寻求取得成功的有效途径，把所做的一切工作都建立在期望成功的基础上。

（5）不要在惋惜失败上浪费时间。如果经常因为某些事情的失败而惋惜，这本身就是浪费时间，而且还会造成心理上的压力。

（6）既往不悔，即使做错了也不后悔。经常悔恨以前所做过的事情，会浪费许多时间。所以，从时间这个角度来看，任何懊悔都是不必要的。

（7）充足的时间应用在最重要的事情上面。这是节约时间的诀窍，如果常常在不重要的事情上纠缠，就难以达到节约时间的目的。

（8）经常掌握一些新的节约时间的技巧，对这些新的节约时间的技巧应尽快熟知并加以利用。

（9）每天要早起，这样坚持下去就可以节约许多时间。

（10）午餐要适量。午餐不可吃得太多、太饱，否则到下午容易打瞌睡，工作效率会降低，而工作效率的降低本身就是浪费时间。

（11）要学会浏览报纸，不能事无巨细全部看完，这样会浪费时间。

（12）要掌握快速读书的方法，从而来获得对书中最主要观点和内容的满足。

（13）不要花过多的时间在电视机上，只要看一看有关新闻和关于业务方面的节目即可。

（14）尽量让家与公司之间的距离短一些。这样，上班就能够在很短的时间内到达办公室，下班也能在很短的时间内回到家，把浪费在上下班路上的时间降到最低限度。

（15）对自己的习惯要经常进行反省，好的保留，不好的坚决改掉。

（16）别空等时间。假如必须花费时间进行等待，如等车、等电话等，应当把等待当作构想下一步工作计划的良机，或者用它来看书看报。

（17）把表拨快 5 分钟，每天提早开始工作。

（18）口袋里经常装有 10 厘米 ×17 厘米的空白卡片，以便随时记下各种有价值的资料，以备使用，这样可以节约大量翻阅报刊的时间。

（19）每月修正一次生活计划，删除那些微不足道的内容。

（20）每天阅读一次当天的计划表，并确定当天的工作内容，以便使当天的活动有条不紊地进行。

（21）把所要完成的工作写成一句话贴在办公室里，以便提醒自己。

（22）在处理必须处理的小事情的同时，要把重要的工作、目标记在心中，并善于在处理这些小事情中发现能够促成重要工作目标迅速实现的重要线索。

（23）早上上班后的首件事就是排列好当天工作的优先次序。

（24）按照事先排列的次序制成一张表，把重要的工作放在最前面，并尽快去完成。

（25）每月制订计划时要有弹性，最好在计划中留出空余时间，以便应付紧急情况。

（26）在完成重要工作项目以后，要进行适当的休息，以求得工作和休息的平衡。

（27）首先去做最优先的事项。

（28）对难度较大的工作要智取，不要蛮干。

（29）尽量先做重要事项，后做次要事项。

（30）对哪些事情应列为优先事项，要有信心做出精确的判断，而且要不畏困难，坚持到底。

（31）经常问问自己："若做这些事情，会不会产生效果？"如果不会，就干脆不做。

（32）工作中绝不能有拖延现象，一旦发现拖延，就集中精力去解决它，以便恢复正常的工作秩序。

（33）要经常从较大的计划中最有利的部分下手，其余部分可以暂时不做。

（34）要果断地结束毫无价值的活动。

（35）对优先工作要给以足够的时间。

（36）注意锻炼身体，以便有能力长时间地集中工作，有必要时才去参加有关会议。

（37）一次最好只专心致力于一件事。

（38）自己感到马上可以取得成功时，就要加紧去做，不要耽误。

（39）要养成逐条检查日常工作计划表的习惯，看看是否有意跳过了困难的项目。

（40）制定文件时不要怕花费时间，一定要深思熟虑。

（41）在精力最佳的上午独立投入工作。

（42）对自己的每一项工作都要确定完成的期限，要尽可能在期限内把它们完成，绝不可超过期限。

（43）在讨论问题和听演讲时，一定要专心，以免事后再花费时间找人解释。

（44）不要浪费别人的时间，浪费别人的时间就等于谋财害命。

（45）尽可能把一些不重要的琐事委托给你的下属去办。

（46）碰到专业性很强的问题时，一定要请专家帮忙，因为你在两三天中弄不清楚的问题，专家会在一两个小时内甚至几分钟内就能帮助你弄清楚。

（47）如果担当重要职务，最好学会分身，请专人为你管理信件、电话和处理琐事。

（48）尽量减少对公文的批阅，那些不重要和毫无价值的公文可交给下属批办。

（49）把回复各种问题的答案都写在文件上，有人来问时，把文件送给他看就可以了，从而避免谈话时可能造成的时间过长问题。

（50）要把主要的工作项目摆在办公桌的桌面上。

（51）各种常用或不常用的物品要各有定位，这样可以避免在寻找时浪费太多时间。

（52）每月要计划出 3 个小时或每周拿出 1 个小时的时间来处理身边的琐事。 如果等到这些琐事积压过多再去处理，必然会花费更多的时间。

（53）尽量不在周末想工作问题，真正使自己放松下来，以便恢复体力和精力。

（54）即使在工作时，也应当适当轻松一下。

（55）有时难免会做些无法控制的事，因而浪费时间，但不可因此而恼恨自己。

（56）工作中要寻找最有效的步骤，以推进工作目标的迅速实现。

（57）要把精力始终集中在具有最大长期利益的事情上。

（58）要不断地问自己："现在，我最佳的利用时间之道是什么？"

（59）在工作时尽量少讲话，全力投入，一气呵成。

第三章

现在就是最好的时机：

最有效的，是立即行动

行动是成功的第一要素

英国前首相本杰明·迪斯雷利曾指出，虽然行动不一定能带来令人满意的结果，但不采取行动就绝无满意的结果可言。

因此，如果你想取得成功，就必须先从行动开始。

一个人的行为影响他的态度，行动能带来回馈和成就感，也能带来喜悦，通过潜心工作得到自我满足和快乐，这是其他方法不可取代的。这么说来，如果你想寻找快乐，如果你想发挥潜能，如果你想获得成功，就必须积极行动，全力以赴。

每天不知会有多少人把自己辛苦得来的新构想取消，因为他们不敢执行，过了一段时间以后，这些构想又会回来折磨他们。

记住，切实执行你的创意，以便发挥它的价值，不管创意有多好，除非真正身体力行，否则永远没有收获。

天下最可悲的一句话就是："我当时真应该那么做，但我却没有那么做。"经常会听到有人说："如果我当年就开始那笔生意，早就发财了！"一个好创意胎死腹中，真的会叫人叹息不已，永远不能忘怀。如果能够彻底施行，当然就有可能带来无限的满足。

有一篇仅几百字的短文，被翻译成了多国语言，仅纽约中央车间就将它印了 150 万份，分送给路人。这篇《把信送给加西亚》已被印了亿万份，在全世界广泛流传，这对有史以来的任何作者来说都是无法打破的纪录。

日俄战争期间，每一个俄国士兵都带着这篇短文。日军从俄军俘虏身上发现了它，相信这是一件法宝，就把它译成日文。于是天皇下令，日本政府的每位公务员、军人和老百姓，人手一份。

这篇短文的原作者是哈伯德，文章最先出现在1899年的《庸人》杂志上，后来被收录在卡耐基的一本成功学著作里。

短文是这样写的：在一切有关古巴的事情中，有一个人最让我忘不了。当美西战争爆发后，美国总统麦金利必须立即跟西班牙反抗军首领加西亚取得联系，但加西亚在古巴丛林里，没有人知道确切的地点，所以无法写信或打电话给他。

"怎么办呢？"总统问。

"有一个名叫罗文的人有办法找到加西亚，也只有他才找得到加西亚。"有人对总统说。

他们把罗文找来，交给他一封写给加西亚的信。罗文拿了信，把它装进一个油质袋子里，封好，吊在胸口，划着一艘小船，4天以后的一个夜里，在古巴上岸，消失于丛林中，接着在3个星期之后，从古巴岛的那一边出来，徒步走过一个危险重重的国家，把那封信交给加西亚——这些细节都不是我想说明的，我要强调的重点是：

麦金利总统把一封写给加西亚的信交给罗文，而罗文接过信之后，并没有提出任何疑问：他在什么地方？

他是谁？还活着吗？怎样去？为什么要找他？给我什么报酬？

没有问题，没有条件，更没有抱怨，只有行动，积极、坚决的行动！

罗文为利希特这句名言做了最好的注脚："只有行动赋予生命以力量。"

人是自己行为的总和，行动最终体现了人的价值。

据说，在美国一个小城的广场上，塑着一个老人的铜像。他一生从没有说过一句表白的话，也没有听过一句赞美之辞，他只是凭"行动"二字，使平凡的人生永垂不朽！他既不是什么名人，也没有任何辉煌的业绩和惊人的举动，他只是该城一个餐馆端菜送水的普通服务员，但他对客人无微不至的服务，令人们永生难忘！

"劳动创造了人"，这是马克思主义的科学论断，即人的潜能在与大自然的斗争中、在劳动中逐渐被开发，这个论断广泛应用在成功学上，即"行动创造了人"。

行动有助于发挥潜能。科学已经证明，人的潜能几乎是无穷的。如果行动，潜能就会增加；不行动，潜能就会减退。行动促使潜能发展，潜能的发展必然又带来更大的行动。

在《新约·马太福音》中，耶稣坐在橄榄山上，给门徒们讲述了这样一个故事：

故事的主人公是一个贵族，他要到远方去，临行前，他把仆人们召集起来，按着各人的才干，分给他们银子。

后来，这个贵族回国了，就把仆人叫到身边，问他们："你们是怎样使用那些银子的？"

第一个仆人说："主人，你交给我五千两银子，我马上去投资做生意，很快又赚回了五千两。"

贵族听了很高兴，赞赏地说："好，善良的仆人，你既然在赚钱的事上对我很忠诚，又这样有才能，我要把许多事派给你管理。"

第二个仆人说："主人，你交给我两千两银子，我已用它赚了两千两。"

贵族也很高兴，赞赏这个仆人说："我可以把一些事交给你管理。"

第三个仆人来到主人面前，打开包得整整齐齐的手绢说："尊敬的主人，看哪，您的一千两银子还在这里。我把它埋在地里，听说您回来，我就把它掘了出来。"

贵族的脸色一下子沉了下来，说："你这个懒惰的仆人，你浪费了我的钱！"

于是贵族要回他这一千两，给了那个挣了五千两的仆人。

埋没钱财就是浪费。第三个仆人不善于行动，也就是对潜能的最大浪费。所以说行动创造财富，行动会使你走向成功。那么，马上行动吧，现在就开始行动。

任何伟大的目标和伟大的计划，最终必然落实到行动上。

成功始于行动，一个人制定的目标再伟大，如果不去落实，也永远只能是空想。制定目标是为达到目标，目标制定好之后，就要付诸行动去实现它。如果只有目标而不去行动，那么所制定的目标也就成了毫无意义的东西。这好比是一次赛车，明确的目标只相当于给你的赛车加满了油，有了前进的方向和路线，要抵达目的地，还得把车开动起来，并保持足够的马力。

对于每个人来说，一直在想而不去做，就根本完成不了任何事情。世界上每一件东西，大到航空母舰、高楼大厦，小到一针一线，都是由一个个想法付诸实施所得的结果。只想不做的人只能徒劳无功。成功好比一把梯子，那些把双手插在口袋里的人是永远也爬不上去的。因此，凡事只要想去做就要立即行动。

对于一个伟大的艺术家来说，他会力图不让任何一个想法溜掉。当他产生了新的灵感时，会立即把它记下来，即使是在深夜，他也会这样做。他的这个习惯十分自然，毫不费力。对他来说，这就像是突然想到一个令人愉快的念头，会不自觉地笑出来一样。

对于一个优秀的员工来说，当早晨6点闹钟响起时，即使是睡意正浓，他也会立即按时起床，而不是像一些人起身关掉闹钟，再回到床上去睡。对于优秀员工来说，"立即行动"就是他的座右铭。

许多人都为自己制定过不止一个目标，但是有些人往往一个也实现不了，因为相对来说制定目标是一件容易的事情，难的是付诸行动。制定目标可以坐下来用脑子去想，实现目标则需要扎扎实实的行动。

土耳其有一句谚语是："每个人心中都隐藏着一头雄狮。"此话的意思为：每个人都可以像雄狮一样快速行动。行动起来的准则不只适用于人类，在动物界也广泛存在着。

人们常说一个人做自己要做的事，应该有这样的态度：要么不做，要做就做得最好。其实"做"比"做得最好"重要，因为"尽力做好"这种误区会使一个人既不能尝试新的活动，也不能欣赏目前正在从事的活动。

相比之下，很多人饱食终日，无所用心，不做运动、不学习、不成长，每天在抱怨一些负面的事情，他们哪来的行动力？记住，永远是你采取了多少行动让你获得成功，而不是你知道了多少。

所有的知识必须化为行动，因为行动才有力量。

不管你现在决定要做什么事，不管你现在设定了多少目标，请你一定要立刻行动。

如果没有"现在"为你提供精力能源，让你充满希望，则赋予你人生意义的系统都会失去作用。

真正的成功者不论他们喜不喜欢，愿不愿意，都懂得活用现在的处境来作为提升自我身价的跳板。他们勇敢地面对现状："这就是我今日的处境，我唯一得以解救的就是在目前环境中展开行动。"如此一来事情就有了急速的变化。他们只要每天在"目前环境"中开始行动就会发生奇迹，人生便向他绽放异彩，散播希望。

只有去做才是最重要的，而且是从现在开始去做，而不是从"明天""下个礼拜""以后""将来某个时候"或"有一天"开始去做。

"现在"这个词对成功而言妙用无穷。 如果你时时想到"现在"，就会完成许多事情；如果常想"将来一天"或"将来什么时候"，你就一事无成。 歌德说："把握住现在的瞬间，把你想要完成的事情或理想，从现在开始做起，只有勇敢的人身上才会拥有天才、能力和魅力。 因此，只要做下去就好，在做的过程当中，你的心态就会越来越成熟。 能够有开始的话，那么不久之后你的工作就可以顺利完成了。"

避免犹豫不决

在现实生活中碰到问题，一般有两种处理方法：一是果断出击，二是犹豫不决。前者能够及时解决问题，为下一步工作做好充分的准备；而后者既耽误了时间，又失去了做事的最佳时机。

在拳击台上，正在进行一场大战：彼特与基恩正为拳王荣誉而战。基恩最后胜利，兴奋不已，而彼特则垂头丧气。在戴上金腰带时，基恩说："作为拳手，最忌讳的是优柔寡断，看准了就重重打过去是最好的选择。"

在人生的拳击台上也是一场博弈，在拳台上没有任何退路，犹豫不决只会迎来失败，而胜利只属于果断的人。

生活中，大多数人会不自觉地犯这样的错误：在从事一项极为重要的事业时，他们往往先为自己准备好一条退路，以便在事情稍有不顺时能有一个逃生之所。但是大概每一个人都会有这样的认识：即便战争进行得非常激烈，如果还有一线退却之门为他而开，他大概是不会使出自己的全部潜力的，只有在一切后退的希望都已断绝的绝境中，一支军队才有拼命的精神去奋战到底。

为了获得最后的胜利，不妨断绝你的一切后路，将自己的全部注意力贯注其中，并抱有一种无论任何阻碍都不向后退的克服危机的决心。那些成大事者，正是有着这种破釜沉舟的决心而最后赢得了辉煌的胜利，而那些遇到阻击便犹犹豫豫，想向后退的人只会成为战斗中的挫败者。

当恺撒率领军队在英国登陆时，他决意不给部下留任何退路。他要让军士们明白，此次进攻英国，不是战胜，就是战死，为此，他当着士兵的面，把船只烧毁殆尽。拿破仑也一样，他能摒除一切会引起冲突的顾虑，具有在一瞬间下最后决定的能力。

在现实中，那些想成大事的人在开始工作时，总是抱着必须取得成功的自信，拥有战胜一切危险的决心，在关键时候，他们能当机立断，立即采取行动；而那些平庸者在动手之时，却缺乏明确的目标与志向，也没有那种无论如何必须获胜的坚强决心做后盾，所以面对困难总会犹犹豫豫，而成功就在他们犹豫的瞬间与他们擦肩而过。

成功需要怀着战胜一切危险的决心、抱着义无反顾的气概，以及当机立断的果敢行为。对有志者而言，最大的窃贼就是犹豫，直到现在仍然如此。

有人喜欢把重要的问题搁置一边，留待以后去解决，这实在是一种不良的习惯。假如你染上了这种习性，就应赶紧下大力气去培养一种敏捷而有决断力的习惯。无论当前的问题有多么严重，需要权衡利弊，你也不要一直沉浸在优柔寡断之中。假使你仍然心存一种凡事慢慢来或干坏了再重新考虑的念头，你是注定要失败的。宁可让自己因果敢的决断而犯下一千次错误，也不要姑息自己养成一种优柔寡断的习惯。

假如能养成在最后一刻做出果断决定的习惯，你在做出决断时就一定有判断力，因为如果一旦你以为决定是可以伸缩的，不到最后一刻都是可以重新考虑的时候，你将永远无法拥有正确可靠的判断力。

相反，一旦你能毫不迟疑地做出决定，并为你的决定断绝一切后路时，当你对自己所做出的任何一个不周全、不成熟的判断感到痛苦不堪时，你对于自己的判断也一定会十分小心，这样，自然能使你的判断能力日趋进步。

成大事者要有当断则断的魄力，不能犹豫不决。 在人生的竞技场上，没有太多的时间去犹豫徘徊，因为在你犹豫徘徊时别人已经跑到了你的前面。 犹豫是生命中最大的惰性因素，在我们对成功与失败难以把握时，它往往把失败的原因都一股脑地推到我们面前，从而把选择的砝码加重到失败一方，而使我们与成功失之交臂。

司马迁评价春申君说："当断不断，反受其乱。"古时候的故事，对于今人来说也有值得借鉴的地方。 古人给我们留下来的这些智慧结晶，都在告诫我们做事要果断，一旦选定了方向就不能犹豫不决。

第二次世界大战期间，艾森豪威尔指挥的英美联军正准备横渡英吉利海峡，在法国诺曼底登陆，展开对德战争的另一个阶段。当时，诺曼底登陆战的所有准备工作都已就绪，这时候，英吉利海峡却阴云密布、巨浪滔天，数千艘舰船只好退回海湾，等待海上风平浪静，这么一等，足足等了 4 天，天空像是被闪电劈开了一条裂缝，倾盆大雨连绵不绝。数十万名士兵被困在岸上，进退两难，每日所消耗的经费、物资，实在不是小数。将士们心急如焚，而且时间拖得久了，德国人也会察觉，从而使盟军数月的努力付之东流。6月4日晚，气象主任斯泰格上校报告说："从6月5日夜间开始，天气可能短暂变好，到6月6日夜间，很快又要变坏。"是在6月6日行动，还是继续延期？艾森豪威尔一时也难以决定。参谋长史密斯认为："这是一场赌博，但这可能是一场最好的赌博。"艾森豪威尔也明白这是千载难逢的好机会，可以攻敌于不备，只是这当中也暗藏危机，万一气候不如预期的这么快好转，很可能就会全军覆没。

最后，艾森豪威尔下定决心："我确信，是到了该下达命令的时候了。"艾森豪威尔经过慎重考虑之后，做出了他一生中最重要的一个决定，"霸王"行动将按计划在6月6日实施。他在日志中写下："我决定在此时此地发动进攻，是根据所得到最好的情报做出的决定……如果事后有人谴责这次的行动或追究责任，那么一切责任应该由我一个人承担。"不过，幸运的是，他最终赢得了这场赌博。事实证明艾森豪威尔的决策是对的：仅在第一天，盟军就有15万人成功登上诺曼底；而10天后，英吉利海峡的天气"是20年来最坏的天气"，暴风雨甚至毁掉了一座人工港湾。

每个人在一生中都有必须做出抉择的时候，这时，你要权衡利弊，果断地做出决定，万不可犹豫不决，否则会让自己损失更大。在大海里有一种棘皮动物叫海参，它的外表如一根圆圆的香肠，身体上端的开口是嘴，下端的开口是肛门，体内有一些有消化及吸收作用的血管。当海参遇到危险时，就会果断地把体内又黏又湿的血管和内脏器官排出来，缠在敌人的身上，自己"无脏一身轻"便趁机溜走，经过十几天，它就会重新再长出新的内脏器官。 如果海参在那一刻没有果断干脆地下决心，而是犹豫不决，那它很可能就会为此而丢掉性命。 在生死攸关的博弈中，海参"弃车保帅"的果断行为是明智的，也是此时保全生命的最佳策略。

其实做人处世也该如此，生活中我们有时候需要坚持，但面对超越了自己所能承载的"货物"或对自己是多余的东西时，切不可犹豫不决，因为小利而让自己乱了分寸。

犹豫是我们成功的首要敌人。 犹豫使人失掉的是一个个机会，许多本可以成功的人，正是因为没有克服掉犹豫这个缺点，与一个个机会无缘而抱憾终生，所以要想成功，必须有果断的精神，不能犹豫不决。

在每一场决定人生成败的博弈中，我们一定要时刻保持清醒的头脑，审慎地抉择，果断地做出决定，不能犹豫不决。 对于该放弃的就应果断地放弃，就像当老帅被将、无路可退时，必须果断地"弃车保帅"，先挽回败局、稳住阵脚，才有机会反败为胜。 要想成大事，就应该斩钉截铁、干脆利落，不能拖泥带水。

抛掉不切实际的空想

一年夏天，一个淳朴的乡下小伙子登门拜访年事已高的爱默生。小伙子是一个诗歌爱好者，因仰慕爱默生的大名，故千里迢迢前来寻求文学上的指导。

这位青年诗人虽然出身贫寒，但谈吐优雅，气度不凡。老少两位诗人谈得非常融洽，爱默生对他非常欣赏。临走时，青年诗人留下了薄薄的几页诗稿。爱默生读了这几页诗稿后，认定这位乡下小伙子在文学之路上将会前途无量，决定凭借自己在文学界的影响大力提携他。爱默生将那些诗稿推荐给文学刊物发表，但反响不大。他希望这位青年诗人继续将自己的作品寄给他，于是，老少两位诗人开始了频繁的书信来往。

青年诗人的信写得长达几页，大谈特谈文学问题，激情洋溢，才思敏捷，表明他的确是个天才诗人。爱默生对他的才华大加赞赏，在与友人的交谈中经常提起这位青年诗人。青年诗人很快就在文坛有了一点小小的名气。

但是，这位青年诗人以后再也没有给爱默生寄诗稿来，信却越写越长，奇思异想层出不穷，言语中开始以著名诗人自居，语气也越来越傲慢。

爱默生开始感到了不安。凭着对人性的深刻洞察，他发现这名年轻人身上出现了一种危险的倾向。通信一直在继续，但爱默生的态度逐渐变得冷淡，最后成了一个倾听者。

很快，秋天到了，爱默生去信邀请这位青年诗人前来参加一个文学聚会，他如期而至。

在这位老作家的书房里，两人有一番对话：

"后来为什么不给我寄稿子了？"

"我在写一部长篇史诗。"

"你的抒情诗写得很出色，为什么要中断呢？"

"要成为一个大诗人就必须写长篇史诗，小打小闹是毫无意义的。"

"你认为你以前的那些作品都是小打小闹吗？"

"是的，我是个大诗人，我必须写大作品。"

"也许你是对的。你是个很有才华的人，我希望能尽早读到你的大作品。"

"谢谢，我已经完成了一部，很快就会公布于世。"

文学聚会上，这位被爱默生欣赏的青年诗人大出风头。他逢人便谈他的伟大作品，虽然谁也没有拜读过他的大作品。即便是他那几首由爱默生推荐发表的小诗也很少有人拜读过，但几乎每个人都认为这位年轻人必将成大器，否则，大作家爱默生能如此欣赏他吗？

转眼间，冬天到了。

青年诗人继续给爱默生写信，但从不提起他的大作品。信越写越短，语气也越来越沮丧，直到有一天，他终于在信中承认，长时间以来他什么都没写，以前所谓的大作品根本就是子虚乌有之事，完全是他的空想。

他在信中写道:"很久以来我就渴望成为一个大作家,周围所有的人都认为我是个有才华、有前途的人,我自己也这么认为。我曾经写过一些诗,并有幸获得了阁下您的赞赏,我深感荣幸。

"使我深感苦恼的是,自此以后,我再也写不出任何东西了。在现实中,我对自己深感鄙弃,因为我浪费了自己的才华,再也写不出作品了,而在想象中,我是个大诗人!我已经写出了传世之作!已经登上了诗歌的王位。

"尊贵的阁下,请您原谅我这个狂妄无知的乡下小子……"

从此以后,爱默生再也没有收到这位青年诗人的来信。

空想给人带来的最大副作用就是——逃避现实、不思进取。就像故事中的这位青年诗人,当他养成做白日梦的习惯后,根本就没有考虑过如何才能走向成功,如何才能实现自身的价值,他一心只梦想着成功后的那份辉煌。事实上,当他陷入难以自拔的白日梦的泥潭之中时,他原有的才华就已经丧失殆尽了,结果他只能成为一名庸人。

弗洛伊德认为,白日梦是因为在现实生活中人的某种欲望得不到满足,所以才在一系列虚无的幻想中寻找心理平衡。做白日梦的习惯会给人们带来相当大的危害,所以你必须及早从这种习惯中挣脱出来,不要被它毁了一生。

古往今来,无数名人的事例证明了这一千古不变的真理。

西晋文学家左思少年时，读了张衡的《两京赋》，决心要撰写《三都赋》。他的朋友嘲笑他，说他不可能写成的，但左思就是不服输。他听说有位朋友曾游岷邛，就多次登门请教，以便熟悉当地的山川、物产、风俗，并广泛查访了解。他大量收集资料，然后专心致志，奋力写作。在他的房间里、篱笆旁、厕所里到处放着纸、笔——只要想到好的词句就记录下来，并反复修改。左思整整花费了 10 年的心血，终于完成了《三都赋》。

　　倘若左思认为朋友说得对，自己不去做，他一定写不成；倘若左思只是空想，没有后来 10 年的实干和毅力，他能完成《三都赋》吗？

　　生活中，很多人都有做白日梦的习惯，然而美梦终归是要醒的，沉醉于空想之中会让你由逃避现实到与现实脱节，最后一事无成。请记住，在人生之路上我们不仅需要一对幻想的翅膀，更需要有一双踏踏实实的脚！

　　有一位名叫西尔维亚的美国女孩，她的父亲是波士顿有名的整形外科医生，母亲在一家声誉很高的大学担任教授。她的家庭对她有很大的帮助和支持，她完全有机会实现自己的理想。她从念中学的时候起，就一直梦想着当电视节目主持人。她觉得自己具有这方面的才干，因为每当她和别人相处时，即使是陌生人也都愿意亲近她并和她长谈。她知道怎样从人家嘴里"掏出心里话"。朋友们称她是他们的"亲密的随身精神医生"。她自己常说:"只要有人愿给我一次上电视的机会,我相信一定能成功。"

但是,她为达到这个理想而做了些什么呢?其实什么也没有!她在等待奇迹出现,希望一下子就当上电视节目主持人。

西尔维亚不切实际地期待着,结果什么奇迹也没有出现。

谁也不会请一个毫无经验的人去担任电视节目主持人,而且节目的主管也没有兴趣跑到外面去搜寻天才,都是别人去找他们。

另一个名叫辛迪的女孩却实现了西尔维亚的理想,成了著名的电视节目主持人。辛迪之所以会成功,就是因为她知道"天下没有免费的午餐",一切成功都要靠自己的努力去争取。

她不像西尔维亚那样有可靠的经济来源,所以没办法等待机会出现。她白天去做工,晚上在大学的舞台艺术系上夜校。毕业之后,她开始谋职,跑遍了洛杉矶每一个广播电台和电视台,但是,每个地方的经理对她的答复都差不多:"不是已经有几年经验的人,我们不会雇用的。"

但是,她不愿意退缩,也没有等待机会,而是走出去寻找机会。她一连几个月仔细阅读广播电视方面的杂志,最后终于看到一则招聘广告:北达科他州有一家很小的电视台招聘一名播报天气的女孩子。

辛迪是加利福尼亚州人,不喜欢北方,但是,有没有阳光，是不是下雨都没有关系，她希望找到一份和电视台有关的工作，干什么都行！她抓住这个工作机会，动身到北达科他州。

辛迪在那里工作了两年，最后在洛杉矶的电视台找到了一份工作。又过了五年，她终于得到提升，成为她梦想已久的节目主持人。

为什么西尔维亚失败，而辛迪却如愿以偿了呢？

因为西尔维亚在 10 年当中，一直停留在幻想上，坐等机会；而辛迪则是采取行动，最后终于实现了理想。

有个人曾经问著名思想家布莱克："您能成为一位伟大的思想家，那么成功的关键是什么？"

"多思多想！"布莱克回答。

这个人如获至宝般地回到家中，开始整天躺在床上，望着天花板，一动也不动，按照布莱克的指点进入"多思多想"的状态。

一个月后，那个人的妻子找到布莱克，愁眉苦脸地诉说道："求您去看看我的丈夫吧，他从您这儿回去以后就像中了魔一样，整天躺在床上痴心妄想！"

布莱克赶去一看，只见那个人已经变得骨瘦如柴。

他拼命挣扎着爬起来，对布莱克说："我最近一直都在思考，甚至到了茶饭不思的地步，你看我离伟大的思想家还有多远？"

"你每天只想不做，那你都思考了些什么呢？"布莱克先生缓缓地问道。

那人回答说："想的东西实在太多，我感觉脑子里都已经装不下了。"

"哦！我大概忘了提醒你一点：只想不做的人只能产生思想垃圾。成功像一架梯子，双手插在口袋里的人是永远爬不上去的。"接着，布莱克举了这样一个例子：

有一位满脑子都是智慧的教授和一位文盲相邻而居。尽管两人地位悬殊，知识、性格更是有着天渊之别，可是他们都有一个共同的目标：如何尽快发财致富。每天，教授都跷着二郎腿在那里大谈特谈他的"致富经"，文盲则在旁边虔诚地洗耳恭听。他非常钦佩教授的学识和智慧，并且按照教授的致富设想去付诸实际行动。几年后，文盲成了一位货真价实的百万富翁。而那位教授呢？他依然是囊空如洗，还在那里每天空谈他的致富理论，就像人们所说的那样"教授教授，越教越瘦"了。

梦想终究是梦想，不迈步就想获得成功，这种天上掉馅饼的事是不可能有的。

培养勇于尝试的习惯

俗话说："天下无难事，只怕有心人。"没有做不到的事，只有想不到的事；没有做不了的事，只有不想做的事。对一些"不可能"做到的事只是常规理论下的结论，要善于尝试"打破常规"，成功者的字典里没有"不可能"这三个字。

20 世纪六七十年代，美国有一个超级歌星，他少年时就想当一名歌手。参军后，他买到第一把吉他，他开始自学弹奏吉他，同时练习唱歌，并尝试自己创作一些歌曲。服役期满后，他开始努力工作，以实现当一名歌手的夙愿，可他没能马上成功。没人请他唱歌，就连电台唱片音乐节目广播员的工作也没能得到，他只得靠挨家挨户推销各种生活用品维持生计，不过他还是坚持练唱。他组织了一个小型的歌唱小组在各个教堂、小镇上巡回演出，很快，他就有了一些歌迷。最后，他制作的一张唱片奠定了他音乐工作的基础，吸引了两万多名歌迷。他对自己的信念坚信不疑，使他获得了成功。

然而，这只是一次难度不大的考验，真正的考验还在后面。经过几年的巡回演出，他被那些狂热的歌迷拖垮了，晚上须服安眠药才能入睡，还要吃些"兴奋剂"来维持第二天的精神状态。他开始沾染上一些恶习——酗酒、服用催眠镇静药和刺激兴奋性药物。他的恶习日渐严重，以致对自己失去了控制能力。他不是出现在舞台上，而是出现在了监狱里。到了1967年，他每天必须吃一百多片药片。

这个人就是约翰尼·卡许。

一天早晨，当他从州监狱刑满出狱时，一位行政司法长官对他说："约翰尼，我今天要把你的钱和药都还给你，你比别人更明白你能充分自由地选择自己想干的事。看，这就是你的钱和药片，是把这些药片扔掉还是去麻醉自己、毁灭自己，你选择吧！"

卡许选择了生活。他又一次对自己的能力做了肯定，深信自己能再次成功。他回到纳什维利，找到他的私人医生，医生不太相信他，认为他很难改掉吃"兴奋剂"的坏毛病，医生告诉他："戒毒瘾比找上帝还难。"

卡许并没有被医生的话吓倒，他知道"上帝"就在他心中，他决心"找到上帝"。尽管这在别人看来几乎不可能，他开始了他的第二次奋斗。他把自己锁在卧室，闭门不出，一心一意根绝毒瘾。为此，他忍受了巨大的痛苦，经常做噩梦。后来他在回忆这段往事时说，他总是昏昏沉沉，好像身体里有许多玻璃球在膨胀，突然一声爆响，只觉得全身布满了玻璃碎片。当时摆在他面前的，一边是"兴奋剂"的引诱，另一边是他的奋斗目标的召唤，结果他的信念占了上风。9个星期以后，他睡觉不再做噩梦，又恢复到原来的样子了。他努力实现自己的计划，几个月后，他重返舞台，再次引吭高歌，终于又一次成为超级明星。

卡许完成了医生认为"不可能"的事。实际上，世界上有许多所谓"不可能"的事都有"可能"发生。

还有这样一则关于"可能"与"不可能"的故事。

拿破仑·波拿巴问工程技术人员："这条路走过去可能吗？"

"也许吧！"回答是不肯定的，它在可能的边缘上。

"那么，前进！"拿破仑·波拿巴没有理会工程人员讲的困难，下决心前进。统帅的精神鼓舞着战士们，4天之后，这支部队突然奇迹般地出现在意大利平原上了，一件"不可能"的事情就这样完成了。

许多统帅都具有必要的设备、工具和强壮的士兵，但是他们缺少毅力和决心。谁不怕困难，谁就能在前进中抓住时机。拿破仑·波拿巴信奉"世上没有不可能的事"，因此创造了许多奇迹。

一颗落入山缝间的种子要长成立于蓝天之下的大树，看起来不大可能；一滴滴柔弱细小的水珠要穿透厚重的岩石，看起来不大可能。但是有一天，山崖间斜生着一棵挺拔的青松，眼前展现着水滴石穿，我们会恍然大悟：只要有毅力、有恒心，万事皆有可能！

拿破仑曾经说过："凡是有决心取得成功的人从来不说'不可能'。"成功并非一个遥不可及的梦，重要的是我们有没有决心取得胜利，我们有没有在一百次被打倒后为了我们的梦想再第一百零一次站起来。

他们都有着一颗坚强的心，才能把别人看起来不可能的事变成可能，真实地告诉我们，只要有决心，万事皆有可能。

不要让别人的"不可能"阻挡了你的脚步，不要让看似不可能的事情延长了你与梦想的距离。坚定自己的决心，让整个世界都知道万事皆有可能。

生活在尝试风险的社会环境中，有助于培养个人不满足于现状、勇于进取的精神，也有利于提高个人对社会变动的敏锐感。一个人往往在冒险并盘算着该做什么时，成长最快。一位日本专家指出，人类在长期的历史过程中学到了很多智慧，也拥有了很多智慧，这能给人以更大冒险的可能性，但是，即使有可能性，也不能断定所有的人都敢于去冒险。

1991年，在温布尔顿举行的网球锦标赛女子组半决赛中，17岁的前南斯拉夫女选手塞莱丝与美国女选手津娜·加里森对垒。随着比赛的进行，人们越来越清楚地发现，塞莱丝的最大对手并非加里森，而是她自己。赛后，塞莱丝垂头丧气地说："这场比赛中双方的实力太接近了，因此我总是力求稳扎稳打，只敢打安全球，而不敢轻易向对方进攻，甚至在加里森第二次发球时，我还是不敢扣球求胜。"

而加里森却恰恰相反，她并不只打安全球。"我暗下决心，鼓励自己要敢于险中求胜，绝不优柔寡断、犹豫不决。"加里森赛后谈道，"即使失了球，我至少也知道自己是尽了力的。"结果，加里森在比赛中先是领先，继而胜了第一局，后来又胜了一局，最终赢得了全场比赛。

冒险与收获常常是结伴而行的，险中有夷，危中有利，要想有卓越的结果就要敢于冒险。许多成功人士不一定比你"会"做，重要的是他比你"敢"做。有限度地承担风险，无非带来两种结果：成功或失败。如果获得成功，你可以提升至新领域，显然这是一种成长；就算失败了，你也很快可以清楚为什么做错了，学会以后该避免怎么做，这也是一种成长。

作为现代人，一方面要通过学习和实践不断增长智慧，另一方面还要永远保持冒险精神，自卑自忧、谨微小心并不是"现代人"的品质。裹足不前、举棋不定，只能在当今瞬息万变的社会中被淘汰出局。

美国一家大印刷公司的经理曾回忆起他与公司一位会计员的一次谈话，这位会计员的理想是要成为其公司的审计长，或者创办她自己的公司。虽然她连中学都没毕业，但她却毫不畏惧。公司经理却提醒她："你的会计能力是不错，这一点我承认，但你应该根据自己的受教育程度，把目标定得更加切合实际些。"经理的话使她大为恼火，于是，她毅然辞职追寻自己的理想去了。后来她成立了一个会计服务社，专为那些小公司和新移民提供服务。现在，她在加利福尼亚州的会计服务社已发展到了5个办事处。

其实，我们谁也不知道别人的能力限度到底有多大，尤其是在他们怀有激情和理想，并且能够在困难和障碍面前不屈不挠时，他们的能力限度就更难预测了。

当遇到严峻形势时，人们习惯的做法是小心谨慎，保全自己，而结果呢？不是考虑怎样发挥自己的潜力，而是把注意力集中在怎样才能减少自己的损失上。正像塞莱丝的经历一样，这种人的结果大都会以失败而告终。

同样一件事，因为存在一定的风险，甲经过细算，认为有60％的把握，便抢占时机，先下手为强，因而取胜。乙在谋划时过于保守，认为必须有90％甚至100％的把握才下手，结果坐失良机。

任何领域的领袖人物，他们之所以能够成为顶尖人物，正是由于他们勇于面对风险之事。美国传奇式人物——拳击教练达马托曾经一语道破："英雄和懦夫都会恐惧，但英雄和懦夫对恐惧的反应却大相径庭。"

我们都遇见过一些所谓饱经风霜的老前辈，他们似乎"什么世面都见过"，因此总对我们讲一些不可做这不可做那的理由。你产生了个好主意，一句话还没说完，他就向你泼冷水。这种人总能记起过去某时曾有某个人也产生过类似的想法，结果惨遭失败，他们总是极力劝你不要浪费时间和精力，以免自寻烦恼。

无论做任何事情，开始时最为重要的是不要让那些总爱唱反调的人破坏了你的理想。这个世界上爱唱反调的人真是太多了，他们随时随地都可能列举出千条理由，来说明你的理想不可能实现。你一定要坚定立场，相信自己的能力，努力实现自己的理想。

美国斯坦福大学所做的一项研究表明，大脑里的某一图像会像现实情况那样刺激人的神经系统。举例来说，当一个高尔夫球手在告诫自己"不要把球打进水里"时，他的大脑里往往会浮现出"球掉进水里"的情景，所以你不难猜出球会落在何处。

吉姆·伯克晋升为美国翰森公司新产品部主任后的第一件事，就是要开发研制一种供儿童使用的胸部按摩器，然而，这种产品的试制失败了，伯克心想这下可要被老板炒鱿鱼了。伯克被召去见公司的总裁，然而，他受到了意想不到的接待。"你就是那位让我的公司赔了大钱的人吗？"总裁问道，"好，我倒要向你表示祝贺，你能犯错误，说明你勇于冒险。而如果你缺乏这种精神，我们的公司就不会有发展了。"数年之后，伯克本人成了翰森公司的总经理，他仍牢记着前总裁的话。

勇于冒险求胜，你就能比你想象的做得更多、更好。

在勇冒风险的过程中，你就能使自己的平淡生活变成激动人心的探险经历，这种经历会不断地向你提出挑战，不断地奖赏你，也会不断地使你恢复活力。

香港商人陈玉书在他的自传《商旅生涯不是梦》里指出："致富秘诀，在于大胆创新，眼光独到。譬如说，地产市场我看好，别人看坏，事实证明是好，我能发大财；反之，我看好，别人看坏，事实证明是坏，我便要受大损失，甚至破产；如果大家都看好，我也看好，事实证明是对了，则也仅仅能糊口而已。"

　　精明的人能谋算出冒险的系数有多大，同时做好应付风险的准备，则可以胜算。世界的改变、生意的成功常常属于那些敢于抓住时机、适度冒险的人。有些人很聪明，对不测因素和风险看得太清楚了，不敢冒一点险，结果聪明反被聪明误，永远只能"糊口"而已。实际上，如果能从风险的转化和准备上进行谋划，则风险并不可怕。

　　世上大多数人不敢走冒险的捷径，他们熙来攘往地拥挤在平平安安的大路上，四平八稳地走着，这条路虽然平坦安宁，但距离人生的风景线却迂回遥远，他们永远也领略不到奇异的风情和壮美的景致；他们平平庸庸、清清淡淡地过了一辈子，直到走到人生的尽头也没有真正享受到成功的快乐和幸福的滋味；他们只能在拥挤的人群里争食，闹得薄情寡义也仅仅是为了填饱肚子，而这岂不也是一种风险吗？而且，这是一种难以逃避的风险，是一种越来越无力改善现状的风险。

　　所以，生命运动从本质上说就是一次探险，如果不是主动地迎接风险的挑战，便是被动地等待风险的降临。

第四章

做一个会学习的人：

持续精进来自不断地修炼

学习是一生的需要

　　晋平公作为一位国君，政绩不错，学问也不错。当他70岁的时候，他依然希望再多读点书，多长点知识，因为他总觉得自己所掌握的知识实在是太有限了。可是70岁的人再去学习，困难是很多的，晋平公对自己的想法有点儿不自信，于是他便问他的一位大臣师旷。

　　师旷虽然双目失明，但博学多智。晋平公问师旷："你看，我已经70岁了，年纪不小了，可是我还很希望再读些书，长些学问，是否太晚了呢？"

　　师旷没有正面回答，而是说："我听说，人在少年时代好学，就如同获得了早晨温暖的阳光，太阳越照越亮，时间也久长。人在壮年的时候好学，就好比获得了中午明亮的阳光，虽然中午的太阳已走了一半，可它的力量很强，时间也还有许多。人到老年的时候好学，虽然已日暮，没有了阳光，但他还可以借助烛光啊，烛光虽然不怎么明亮，可是只要获得了这点烛光，尽管有限，也总比在黑暗中摸索要好多了吧。"

　　晋平公听后恍然大悟，高兴地说："确实如此！我有信心了。"

　　古语云："活到老，学到老。"人的一生都需要学习，这不仅是体现自身价值的需要，也是社会发展的要求。 在竞争激烈的社会中，只有养成不断学习的习惯，了解新信息、补充新知识、掌握新技能，才能始终走在时代的前列，保持领先的地位。

提到学习，很多人都会马上想起那是学生的事，只有学校才是学习的场所，自己已是成年人，走上社会多年了，还有什么必要再去学习呢？所以很多人从学校毕业后，就再也没有系统地学习过。

其实，这种看法是不对的。在学校时，固然需要不停地学习才能不被别的同学超过，但走向社会、参加工作后，为了不被同事超越、不被社会淘汰，也需要不断地学习。因为在学校学习的知识毕竟有限，远远不能适应现实工作和生活的需要，尤其是一些实践性强的技能，在学校是根本学不到的，所以就需要我们边实践边学习。

近十年来，人类的知识几乎以每三年增长一倍的速度提高，知识总量以爆炸式的速度快速增长。只有养成不断学习的习惯，随时随地进行学习，才能保持思维的敏捷，才能跟上时代的步伐，才能在优胜劣汰的竞争中始终立于不败之地。

19世纪英国法律界的名人塞缪尔·拉莫里是个珠宝匠的儿子，由于家庭原因，他的少年时代并没有受过什么教育，但他后来通过勤奋的学习弥补了这一缺陷，而且终身都在努力地学习。

他在自传中写道："我十五六岁时暗下决心学习拉丁语，那时我对拉丁语的了解仅限于一些极日常的语法规则。通过三四年的刻苦学习后，除了有关专业科技课题的著作，譬如瓦罗·康路马拉、塞尔瑟斯的著作，我几乎读完了所有拉丁语鼎盛时期的散文家的作品。其中，利维、萨卢斯特和塔西佗的书我读了足足有 3 遍。我研读过西塞罗广为流传的演讲词，还将荷马的作品翻译了大半。特伦斯、维吉尔、贺拉斯、奥维德，还有尤维纳利斯的作品我都读了一遍又一遍。"

在此期间，塞缪尔·拉莫里还自学了自然历史、自然哲学和地理等方面的知识，他从一个没有受过教育的人逐渐成了一个知识渊博的人。天道酬勤，他在 16 岁那年便进入大法官法庭工作，在那儿做秘书。他工作认真负责，并仍然刻苦学习，之后又进入律师行业，取得了辉煌的成就。

1806 年，塞缪尔·拉莫里伯爵被政府任命为副检察长，在以后的职业生涯中他依然勤奋努力，稳步前进，最终在法律界占有了一席之地。

虽然塞缪尔·拉莫里很早就表现不俗，但他并没有停止学习，而是依然不停地靠学习来提高自己，不断地补充新知识以弥补自己的不足。可见，只有养成学习的习惯，在学习中不断地提高自己，不断地拥有适应社会所需要的各种知识，才能适应急速变化的时代。

一个没有足够的知识储备、跟不上时代潮流的人，是很难取得较大成就和突破的。许多天赋很高的人，起点也很高，但始终做不出什么成就，终生处在平庸的位置上。原因就是这些人并没有养成学习的习惯，他们宁愿把业余时间都花在麻将桌上，也不肯静下心来读一本书，当时机到来后，因为没有把握的能力而只好蹉跎岁月。

托马斯·金曾经在面对一棵参天大树时有所感悟，他写道："在它的身体里蕴藏着积蓄力量的精神，这使我久久不能平静。崇山峻岭赐予它丰富的养料，山丘为它提供了肥沃的土壤，云朵给它带来充足的雨水，而无数次的四季轮回在它巨大的根系周围积累了丰富的养分，所有这些都为它的成长提供了能量。"

学习就如崇山峻岭、山丘、云朵、四季轮回，正是在学习中，一个人才能吸收到丰富的精神养料，有力地促进个人的成长、成才。

我们也许都还记得方仲永，他可谓是个神童，5岁时作的诗便流传乡里了。他出口成章，处处受到追捧，于是他父亲整天带他到处应酬，而没有让他继续学习，就这样一代神童很快陨落了，到十几岁时已经与常人无异。可见，神童也是需要学习的，如果停止了学习，他也就不再成为神童了。

"吾生也有涯，而知也无涯。"要生存、要发展，就得不断学习新知识，掌握新技能。尤其在新知识、新事物不断涌现和更新的时代，一个人要做到观念常新、思想不僵、能力不减，唯有坚持学习才能做到。

在一个科技发达、瞬息万变的新时代，一个人如果没有知识，就谈不上有能力，更不见得有什么作为，而能力是知识、经验、人生阅历和前人教导的积累与综合。能力的培养需要随时随地学习，需要时时刻刻学习，只有养成勤于学习的习惯，不断充实和完善自己，才能在人生的各个起跑线上占得先机，走向成功。

用最积极的态度去学习

俗话说："水满则溢。"以一种空杯归零的态度，你还有什么学不到的呢？ 还有一句俗话说："三人行，必有我师焉。"如果你想学，在乞丐那里都有值得你学的东西，不想学的话，即使在哲人面前，你也会表现出不可一世的傲慢。 因此，学习的过程应是一种永不满足的求学过程。

成功者和失败者在人生中最主要的差别就是：成功者始终都在用一种最积极的态度去学习，以乐观的态度去思考，用思考和学习所获得的知识经验去控制和支配自己的人生；而失败者则相反，他们并不把过去的失败作为一个学习的过程，而是消极地怨天尤人、不思进取。 因此，不善于学习的人是不会成为成功者的。

有人总是说，不成功都是上天不给机会，环境没有造就良好的条件。 很多人在这些理由下就不再去学习，而是在得过且过、满足现状中草草地打发着时光。 可是，我们必须认识到，你自己的人生道路怎样走，自己有着决定权，如何把握，那就看你在生活中的学习态度了。

学习——这个概念是广义的，并不是狭义地指在学校的课堂上照本宣科地学习，也不是办培训寻教员找模范的示范性的教条主义学习。 那么，学习指的是什么呢？ 又需要什么条件才能达到学习的目的呢？ 首先，学习机会是广泛的，包括你在生活中的每一步都有可学的东西。 要从生活中学到东西，就要具备一种谦虚的学习态度。

一位禅师让徒弟装来一坛石子，徒弟去装了一坛石子回来，禅师问徒弟："装满了吗？"

徒弟说："装满了。"

禅师拿些细沙顺着石缝倒满后又问徒弟："这回满了吗？"

徒弟说："这回真满了。"

禅师又取些水倒进去很多，满了后问徒弟："现在满了吗？"

徒弟说："真的满了。"

禅师又将一些干土放进去，干土吸水后又放进好多，禅师又问："这次真的满了吗？"

徒弟不敢回答了。

禅师又说："我还可以倒些水进去，它可能在今天真的满了，可过几天你再来看它就会空下去很多，因此我告诉你，它永远都不会满。"

这是根据一个禅悟的小故事改写而成的，其道理是做人永远不要有自满的态度，自满你就不可能学到知识，特别是在这个竞争异常激烈的时代里，如果我们不去学习就会胜任不了工作，甚至找不到工作。在日新月异的知识更新过程中，我们今天觉得很实用的学问，也许在明天一觉醒来时就可能被淘汰，任何自满情绪都会导致失败。只有戒除这个不良心态，营造一个永远渴求新知识的积极的学习心态，你才能适应社会、时代的需要。

在这个世界上，我们每个人都想成功，都想站在成功的巅峰风光一下。 但你别忘了，成功的路只有一条，那就是学习，正如一位成功人士所说："成功的路上，没有止境，但永远存在险境；没有满足，却永远存在不足；在成功路上立足的最基本的根本就是：学习、学习、再学习。"

在实践中和现实生活里都有学之不尽的东西，我们应从生活里汲取和参悟其精华来补充自己的不足。 只要有了虚心的求知态度，我们就一定会学到东西；也只有不断地学习，我们才会进步；只有好学的人，他的成功率才高，才会立于不败之地。

没有人不渴望成功，而渴望达到成功的更高层是每个人的凤愿，实现这一愿望的唯一途径就是要有知识。 没有真才实学、没有知识的支撑，不管你今天有多优越的条件，或有多好的机遇，或许你已小有成就，但迟早是要被时代淘汰的。

奥里森·马登说过："人的一生都是受教育的时间，而我们置身其中的世界就是一所大学校。 我们所遇到的人、接触到的事，所有的经验都是这所学校里最好的学习资料，只要我们开放自己的耳目，则在每一天、每一秒钟，随时都可以吸收很好的知识，然后在空闲的时间里，把吸收来的学识反复思考、反复咀嚼，就可以将那些零碎的知识整合成为更精湛、更有意义的学问。"

阅读是一种快乐

诺贝尔经济学奖得主迈克尔·斯宾塞曾经说："每当我们翻开书页，就等于开启一道通往世界的窗。"英国散文家约瑟夫·艾迪生也认为："阅读对于大脑就像锻炼对于身体一样。"

其实，就个人知识的获得来说，一般来自两个方面：一方面通过亲自实践获得大量感性的知识，然后通过思考上升为理性知识，这些构成了个人知识的一小部分来源；另一方面则是直接把人类在长期实践中积累起来的知识继承过来，把社会的知识转化为个人的知识。除非我们用前人在书中留给我们的伟大思想遗产来丰富自己的头脑，否则我们的大脑就会由于缺乏这些必要的练习而停止发展，并逐渐变得迟钝起来，就像一个缺乏训练和实践的运动员一样。

在继承知识的各条途径中，可以说阅读是一条主要途径。美国就是非常注重学习的国家，每位总统上任以后，如克林顿提出的"阅读挑战"运动，布什的"阅读优先"方案，都是大力提倡阅读。

布什刚刚上任后，就提出"不让任何一个孩子落在后面"的教育改革方案，将"阅读优先"作为政策的主轴，下拨了50亿美元的经费，还特别补助阅读环境较差的弱势学生，希望能在5年内，让美国所有的小学生在小学三年级之前具备基本的阅读能力。

不只是美国，英国前教育部长布朗奇在任时就发誓，要"打造一个全国都是读书人的国度"。在英国阅读年里，政府额外拨出了 1.5 亿英镑的购书经费，平均每个学校获得 4000 英镑，全国中小学图书馆总共多了 2300 万册的图书。 阅读年结束后，英国点燃的阅读热情并没有停止，受政府委托的阅读运动组织持续推广各种阅读活动。

当然，阅读并不只是学生的事，是全人类的使命。 有人说，德国人之所以整体素质比较高，与他们具有优良的阅读传统分不开。

据统计，德国有 1.4 万个图书馆，藏书 1.29 亿册，连很小的乡镇都有图书馆。 德国书商协会、读书基金会等组织经常举办丰富多彩的阅读活动，激发人们的阅读兴趣，提高人们的阅读热情。 即使在因特网十分发达的今天，德国人仍旧保持着巨大的读书热情。 在地铁列车里、在公园草坪上，甚至在医院的候诊室里，到处可见手捧书本埋头阅读的人。 根据调查显示，70％的德国人喜爱读书，50％以上的人定期买书，30％的人几乎天天读书，读书已经融入德国人的日常生活中了。

从各国对阅读的重视上，我们可以得出这样的结论：阅读是人生中必不可少的课程。 纵观历史，大凡有所成就的人在他们的一生中都有一个贪婪地阅读大量书籍的时期。

12 岁的托马斯·爱迪生弄到了一张公共图书馆的阅览证，就暗下决心，要挨个儿把这里所有的书都读完。于是，他开始从放在书架最底层的书读起。他碰到了这样一些书：牛顿的《自然哲学的数学基础》以及《技术辞典》《忧郁症解剖学》……他利用空暇时间一卷又一卷地读了起来，不放过一本，不漏掉一页，一直读完了 5 米长的书架上的书。只是此后，他才得出一个结论，读书一定要有选择，而不能挨个儿把所有的书都读完。但是，这件轶事还是很有教益的。你可以问问自己：我读了几米的书？

朱伯特曾经说过："人能养成每天读 10 分钟书的习惯，每天 10 分钟，20 年以后，他的知识程度将会前后判若两人。"阅读能够改变一个人，下面这件事一定会给大家带来启迪。

艾伦的家庭经济情况很糟糕，孩子也多，他的父母整日忙于工作和家务，对孩子们的教育没有足够的重视，他中学没有毕业就开始工作了。渐渐地，他在工作中意识到自己在知识方面的贫乏，就决定每天晚上都要用两个小时的时间去读书。一开始，没有人相信他能每天都读两个小时的书，因为他的脾气比较暴躁，又非常好动，根本不可能安静地坐在那里读书。可出乎大家意料的是，他居然坚持下来了，这 20 年来他真的有了令人吃惊的变化。原来中学都没有毕业的他，竟然完全依靠每天晚上两小时的读书来获得了纽约大学本科的学位证书。当然，他也由原来的一名普通工人变成了一个非常称职的行政经理。而原来和他一起参加工作的同事，由于把晚上的时间都在酒吧和牌桌上挥霍掉了，除了那点可怜的工作经验以外，别的都还是老样子。

事实上，工作以后，谁都会非常繁忙，但仔细想想，其中有许多事情并没有什么实际意义，都是在浪费时间，你完全可以从每天的时间中挤出一点来读书。 当然，工作以后很少会有人还能坚持读书。 这一方面是由于生活、工作的繁忙，另一方面也是因为他们在学生时代就没有培养出阅读的习惯和能力。

也许你会说，我也读了很多书，但为什么没有你所说的那种效果呢？ 这就是阅读方法和能力的问题了。 要阅读就必须学会有效地阅读，掌握一些好的方法，然后在阅读中不断提高阅读能力。

1. 要有目的、有计划地读书

面对浩瀚的书海，如果读书没有目的和计划，将会无所适从。

步入社会的人，时间和精力大部分要花费在工作与生活中，因此可供阅读的时间并不多，如果读书再没有目的和计划，就会使宝贵的阅读时间得不到充分、有效的利用。

所以，阅读应以达到这样的目的为出发点：有利于基础知识的学习；有利于工作成绩的提高；有利于发挥自己的特长；有利于弥补自己的弱点；有利于阅读能力的加强。

书选好了，再把读书的时间分配好，不仅可以提高读书的效率，也不至于影响工作与生活。 长期坚持下去，工作中的弱点就可以得到弥补，个人的特长就可以得到发展。

不少人读书缺乏目的和计划，一味地从兴趣出发，常常看一些侦探小说、武侠小说，有的还达到了爱不释手的地步，为看这些书而开夜车，影响工作和生活，这是一种不好的读书倾向。

2. 要处理好博览和精读的关系

博览就是广泛地看书，目的是针对书的内容做一般性的了解，以发现书内精华的部分和急需的知识。 广泛阅读可以博采众长，正如鲁迅所说："如果只看一个人的著作，结果是不大好的，你就得不到多方面的优点。 必须如蜜蜂一样，采过许多花，才能酿出蜜来，倘若叮在一处，所得就非常有限，枯燥了。"

博览就是观大略，在短时间内阅读大量书籍，为精读创造条件。 观大略的方法是：看目录，从目录中发现有用的内容，再翻阅有关部分，到书店选书就是用这种办法；看内容提示，看书的开头几段和结尾几段，以掌握书的大概内容；也可以用快速阅读法，就是用较快的速度读一遍，了解大致的内容。

在博览的基础上，在同类的书中选出一本最好的进行精读。 精读之后再阅读同类的其他书籍。 精读时，要"细嚼慢咽"、要多动脑筋、要反反复复地读，还要认真做读书笔记。

数学家张广厚在谈起学习一本数学小册子时说："这篇论文一共二十多面，我反反复复地念了半年多，因为老用手摸这几页，白白的书边上，留下了一条明显的黑线。 这样反复学习，对我们研究工作有很大的促进作用，我的爱人说：'这哪叫念书啊！ 简直和吃书一样。'"精读过的书，要做到：一懂，就是对书的基本内容要达到理解的程度；二记，就是要记住所理解的内容；三会，就是会运用这些理解了的知识；四熟，就是能熟练地将从书本内学到的知识表达出来或运用它分析问题和解决问题。

3. 要勤于思考

爱因斯坦说："在所阅读的书本中找出可以把自己引向深处的东西，把其他一切统统抛掉，就是抛掉使头脑负担过重和会把自己诱离要求的一切。"就是说，阅读时要抓住书中的精髓，实现由浅入深的转化。

英国诗人柯勒律曾把读者分为 4 类：第一类好比计时的沙漏漏沙，注进去，漏出来，到头来一点痕迹也没有留下；第二类好像海绵，什么都吸收，挤一挤，流出来的东西原封不动，甚至还脏了些；第三类像滤豆浆的布袋，豆浆都流了，留下的只是豆渣；第四类像开掘宝石的苦工，把矿渣甩一边，只要纯净的宝石。这段话的意思是说，阅读时，要取其精华，去其糟粕。

4. 要做好阅读笔记

威廉·李卜克内西在《马克思回忆录》一文中说："只要有一点可能，他任何时候总要工作的。就是去散步，他也要带一本笔记簿，并且时时在上面写点什么。"为了写《资本论》，仅在 1850 年 8 月至 1853 年 6 月，马克思就摘录了 70 个不同作者的著作，写了 24 本有关政治经济学的笔记。在写《资本论》的过程中，他摘录的书有 1500 多本，写的笔记至少有 100 多本。马克思在笔记的封面上写明做笔记的时间和地点，编上笔记的序号，有的还加上标题……每本笔记都编有页码，为了日后查阅方便，很多笔记都做了目录和内容提要。

其实，阅读方法是可以学习与掌握的，关键在于你有没有将阅读作为自己终生习惯的信心。学习是一生的事情，那么阅读作为学习的一种方法、一种途径，它将陪伴你度过学习的一生，也将带给你快乐的一生。

求知的路上没有捷径

众所周知，李嘉诚能够成为一代商界俊杰与其年轻时的刻苦求学精神是密不可分的。

如果不是风云急变，李嘉诚会沿着求学治学之路一直走下去。同时，他极有可能继承父业，在家乡做一名教师。可以这样说，没有李云经的举家迁徙，就没有今日的李嘉诚。到香港之后，李云经对儿子的教育大有改观。他不再以古代圣贤的言行风范训子，而是要求儿子"学做香港人"。我们从李云经身上可以看出潮汕人适应外界环境的能力，他们不论漂泊在世界任何地方，都能与当地文化很好地融合在一起。更可贵的是，他们及其后代，把根留在祖国及家园，不忘自己是中国人，不忘自己是潮汕人。

在香港这个商业社会，拜金主义盛行，钱财成为衡量人的价值的标准。满腹经纶的饱学之士李云经面对现实，携长子李嘉诚果决地走出象牙塔。首要的交际工具是语言。香港的大众语言是广州话。广州话属粤方言，潮汕话属闽南方言，彼此互不相通。在香港，不懂广州话寸步难行。香港的官方语言是英语，这是香港社会的一种重要通行证。李云经要求李嘉诚必须攻克这两种语言，一来可以立足香港社会，二来可以直接从事国际交流。将来假若出人头地，还可以身登龙门，跻身香港上流社会。

李嘉诚把学广州话当成一件大事对待，他拜表妹、表弟为师，勤学不辍。他年纪轻，很快就学会了一口流利的广州话。困难的是英语关。李嘉诚进了香港的中学念初中。香港的中学大部分是英文中学，即使是中文中学，英文教材也占半数以上。从客观上讲，这有助于提高港人的商业文化素质。然而，李嘉诚不再是学校的骄子，他坐在课堂听课如听天书，不知所云。其他同学从小学起就开始学英语，李嘉诚深知自己的不足，心底泛出难言的自卑。

李云经询问儿子上学的情况，他说："在香港，想做大事，非得学会英语不可。"李嘉诚点点头，体会到父亲的苦心。且不论个人的前途，就凭学费来之不易这一点，他也会以苦读上进来报答父恩母爱。数十年后，每当回忆起父亲生病不求医，省下药钱供他读书，母亲缝补浆洗，含辛茹苦维持一家生计……李嘉诚都不禁神色黯然。

李嘉诚学英语几乎到了走火入魔的地步。上学和放学的路上，他边走边背单词。夜深人静，他怕影响家人的睡眠，独自跑到户外的路灯下读英语。天刚蒙蒙亮，他一骨碌爬起来，口中念念有词，还是读英语。后来父亲过早病故，他辍学到茶楼、到中南钟表公司当学徒，在每天10多个小时的辛苦劳作后，也从不间断坚持在业余时间学习英语。皇天不负苦心人，几年后，李嘉诚熟练地掌握了英语。

后来，李嘉诚接受采访时还说："我每天晚上都要看英文电视，温习英语。"在日后的商战风云中，广州话和英语使李嘉诚受益匪浅。乍一看，不能说语言与经商风马牛不相及，但试想，在香港如果不懂广州话，且不说难以在商场自由交往，就是生活质量也要大打折扣，赚钱更从何谈起？英语更给李嘉诚带来了无法估量的巨大财富。长江塑胶厂创业的过程中，李嘉诚就凭着一口流利的英语与外商直接接洽而赢得了使长江塑胶厂起飞的订单。李嘉诚之所以能成为世界首屈一指的"塑胶花大王"，其契机也源自李嘉诚从英文版的塑胶杂志获取了可贵的信息。至于李嘉诚后来大规模地跨国经营，就更离不开英语了。

李嘉诚将学做香港人、掌握英语当作学习的目标，刻苦攻读，终于学有所成。

一个叫鲍勃的哈佛高才生，暑假的时候去看望他的姑姑。姑姑的全家都住在加利福尼亚，有一个很大的牧场，是非常理想的消暑之地。

在那里，他受到了非常热情的款待，甚至附近的邻居也对他表示了好感，尤其是在听说他是哈佛大学的学生以后，更是对他产生了极大的兴趣。

有一天，住在姑姑隔壁的格丽米大婶找到了他，格丽米有两个儿子，都在附近的中学读书，他们的学习可没少让这位没多少文化的母亲操心。格丽米想从鲍勃那里找到一些他之所以学习好的原因。

鲍勃说:"我把我们的学习定律告诉了她,$W = X + Y + Z$(成功 = 勤奋学习 + 正确的方法 + 少说废话),而勤奋则是第一位的。但起初她感觉这个答案太简单了,认为我并没有对她说实话,哈佛大学的学生一定有一些别人不知道的神奇的学习方法。我告诉她,这就是我们哈佛大学最重要的学习定律,那些比我出类拔萃得多的人,都是根据这个定律取得了成功。因为,学习方法可以通过汲取别人的经验或自己在学习中摸索得到。但是,就算有了再好的方法,如果你自己不努力、不勤奋,那么你还是不能得到你想要的学习效果。

"听完我的话后,她满意地走了,她说要把我告诉她的这个定律写下来,贴在两个儿子的床头,让他们每天都能看到。"

恐怕不只是格丽米,很多人现在可能都还在苦苦寻找所谓的学习秘诀,他们认为,只要有了这些所谓的秘诀,学习就会成为轻而易举的事。 这个错误的想法,过去有,现在有,将来可能还会有。 就像下面这个小故事讲的那样:

从前,有一位爱民如子的国王,在他的英明领导下,人民丰衣足食,安居乐业。深谋远虑的国王却担心当他死后,人民是不是也能过着幸福的日子,于是他召集了国内所有的有识之士,命令他们找一个能确保人民生活幸福的永世法则。

3 个月后，学者们把 3 本 18 厘米厚的书呈上给国王说："国王陛下，天下的知识都汇集在这 3 本书内，只要人民读完它，就能确保他们的生活无忧了。"国王不以为然，因为他认为人民都不会花那么多时间来看书。所以，他再命令这些学者继续钻研。两个月后，学者们把 3 本简化成一本。国王还是不满意。再一个月后，学者们把一张纸呈上给国王。国王看后非常满意地说："很好，只要我的人民日后都能真正奉行这宝贵的智慧，我相信他们一定能过上富裕幸福的生活。"说完后便重重地奖赏了这些学者。

原来这张纸上只写了一句话："天下没有免费的午餐。"

在学习中，只要还存有一点取巧、碰运气的心态，你就很难全力以赴，你也不会在学习中取得多大的成就，从来没有人能完全依靠天分成功。上帝虽然给了你天分，但还需要勤奋将天分变为天才。

著名的化学家迈克尔·法拉第出身贫苦，家里没钱供他读书，他很小就在一家装订作坊当了学徒工。法拉第渴望学习。每天下班后，工友们都回家了，法拉第就独自一人靠窗坐下，翻开《化学漫谈》，专心致志地看下去。有一天晚上，他完全被书中高深莫测的东西迷住了，以致天黑了好久都不知道。忽然有人敲窗子，法拉第抬起头来，见是他的母亲，就吃惊地问："出了什么事，妈妈？你怎么到这儿来啦？"母亲慈爱地说："上帝保佑你，孩子。你就学吧，不过可得记住，人总是需要休息的。"贫困的法拉第就是凭着勤奋学习的精神，才取得了后来的成就。

血液循环的发现者哈维一生中共有122次休假，但在这些日子里他没有真正地休息过一次，其中前61次是在学习医学方面的新知识，而后61次是在做实验和研究。

1983年的诺贝尔物理学奖获得者苏布拉海央·钱德拉塞卡，他的一生可以说就是学习的一生。有一次他因心脏病发作被送进了医院，但在刚刚做完体外循环心脏手术的第三天，他在病床上又拿起了书本开始学习。他获奖的时候已经是72岁的高龄了，在生命的这种时刻，大多数科学家或退休，或开始享受名誉头衔——在委员会里担任一个职务，在颁奖晚宴上回忆往事，而钱德拉塞卡却仍然坚持每天学习不少于4个小时。

当人们询问钱德拉塞卡，为什么他的创造力那么持久时，他回答说，有一件事给他留下了深刻的印象，贝多芬在47岁时告诉一位朋友："现在我懂得怎样作曲了。"钱德拉塞卡认为，自己直到现在也不敢宣称"现在我懂得怎样搞研究了"。所以，自己必须要付出比别人更多的时间和精力来学习。"勤奋，这是我唯一的优势。"钱德拉塞卡最后这样评价自己。

其实，这样的例子很多，只要我们认真地去看一看任何一位成功者的传记，我们便会赞同门捷列夫所说的："天才就是这样，终身努力，便成天才。"更会赞同爱迪生所说的："天才，是百分之一的灵感加百分之九十九的汗水。"

早在 20 世纪初期的时候，为了更真实有效地研究智力对人成才的影响，当时的哈佛大学教授雷蒙运用系统追踪的观察方法，在 1921 至 1923 年间，从 25 万学龄儿童中选出 1528 人作为研究对象。对所有这些人，雷蒙都做了学校调查和家庭访问，详细询问和了解教师、家长对他们智力的评价，最后的结果表明，他们的平均智商接近 150，有 80 人的智商高于 170。

1928 年，他重访了这些学生所在的学校和家庭，了解他们进入青少年时期以后智力发展和变化的情况。1936 年，这些研究对象都已长大成人，近 90% 的人上过大学，其中 30% 是优等生，30% 没有毕业。

此后，直到 1959 年去世，雷蒙每隔 5 年都坚持做一次通信调查。雷蒙逝世后，他的朋友希尔斯等人继续进行这项研究。1960 年，这些研究对象平均年龄已达 49 岁，希尔斯做了一次通信调查，人数是原来的 80%。1972 年，他再次进行了通信查访，被调查人数还保持了原来的 67%，这时，他们的年龄已经超过了 60 岁。

他们的追踪调查前后持续了半个世纪，积累了大量宝贵的第一手资料。研究结果表明，人的智力与成就有一定的关系，但不是完全相等的关系。早期智力超常不能保证成年后才能出众、卓有建树，有才能、有成就的人并不都是那些教师和家长认为十分聪明的人，而是那些非常勤奋、精益求精的人。

在对被调查者中成就最大的20%与成就最小的20%进行比较后表明，这两组人最明显的差别并不在于智力的高低，而在于对待学习的态度不同。成就最大的这一组所持有的勤奋、积极、乐观、专注等学习态度，明显地高于成就最小的那一组。

通过雷蒙的这个调查，我们得出了这样一个结论：人的一生中，智力因素在成功中不可缺少，但非智力因素的作用更大。 一个智力一般但很勤奋的人可以取得较大的成就，但一个智商很高却害怕吃苦受累的人是很难在今后的事业上取得建树的。

为什么勤奋与否对将来的成就有这么大的影响呢？ 首先，学习是一种探索未知领域的艰苦劳动，除了选择正确的学习目标外，还需要勤奋、刻苦的学习态度才能成功。 其次，勤奋可以克服人脑机能的某种局限性。 人虽然是所有生物中最高级、最聪明的，但人脑和电子计算机相比，记忆力没有那样细致和准确，运算能力没有那样精准和快速，工作能力没有那样连续和高效。 兴趣、爱好……这些因素虽然能提高人的学习动力和热情，但不能帮助人直接获取知识，只有勤奋才能使人将知识牢牢地掌握在自己的手里。 再其次，一个人的学习，既受各种有利条件的促进，也受到多种不利条件的限制。学习的资料、工具、环境不可能样样完备，家庭、生活不可能事事如意，思想感情、人际关系也不可能尽善尽美，只有勤奋才能帮助人克服不利条件的限制。最后，勤奋还是克服自身不利因素的需要。每一个人都可能有这样或那样的缺陷、弱点，只有勤奋才能弥补自身条件的不足。

我们每一个人身上都可能产生惰性，这是学习中的消极力量，有了勤奋就能抵制这种阻碍学习的力量。就像哈佛大学的第19任校长昆西经常说的那句话："闲散犹如醋酸，会软化精神的钙质；勤奋却像火酒，能燃烧起智慧的火花。"

向成功人士学习

英国科学巨匠牛顿研究物质的运动规律，发现了万有引力定律。当牛顿在谈到这一重大科学发现时给世人留下了一句名言："如果说我比别人看得更远些，那是因为我站在了巨人的肩上。"牛顿的这句话并不只是谦虚，他发现这一定律不是从"零"开始的，也不是"苹果落地"瞬间的辉煌，而是在借鉴他人成果的基础上的伟大"超越"。比如，哥白尼的"日心说"、开普勒的"行星运动三大定律"、胡克的"太阳吸力"等，牛顿都在万有引力定律中继承了。

无独有偶，爱迪生发明电灯泡，是看到了法拉第的《电磁学理论》；而法拉第的电磁学理论则受益于美国化学家戴维的《电与磁》；瓦特改良蒸汽机，实际上并不仅仅是茶壶盖的功劳，而是两个关键性技术环节的作用，而这两个关键性技术数据正是从学习别人的成果中得来的。

纵观人类的整个文明历史进程，任何一种知识都是在不断批判吸收的基础上增值的，任何一门科学都是人类长时间共同积累起来的智慧结晶。知识、科学发现如此，为人、处世、做事也莫不如此，聪明的人总是善于借鉴他人的成功经验，拿来为我所用。

可见，一个人要取得成功，借鉴成功人士的经验是很重要的。这就需要养成与成功者为伍、借鉴成功人士经验的习惯，你才能站得更高、看得更远，取得更大的成功。

有一个贫困的犹太人，见一个富人生活得很舒适、很惬意。他在心里想："嗯，走着瞧，总有一天我会比你更富有，会比你过得更好。"

于是，他找到富人对他说："我愿意在您家里为您工作5年，我不要一分钱，只给我吃、让我住就行了。"

富人觉得这真是少有的好事，便立即答应了这个穷人的请求。5年过后，穷人离开了这个富人的家，不知去向。

10年过去了，那个昔日的穷人已经变得非常富有。而以前的那个富人就显得寒酸了。于是，富人向昔日的穷人提出请求，愿意出10万元买他变得富有的经验。

那个昔日的穷人听了后哈哈大笑："我正是从你那儿学来的致富经验，才赚了大量的钱，现在你怎么又要用金钱来买我的经验呢？"

根据犹太人的经验，智慧来自于学习、观察和思考。要想成为富人的第一途径就是向富人学习。故事中的穷犹太人就是通过给富人家当奴仆，近距离接触富人，学习他的致富经验和智慧，才使自己也具备了智慧，从而拥有了大量的金钱。

调查发现，很多大企业原本只是业绩一般的小型企业，而企业家本身也并不成功，但当他们有机会拜访或参观过一些知名大企业后，受到了激励、学到了经验，从此便获得了腾飞的动力。

成功人士的经验是一笔宝贵的财富，只有拿来为我所用，并实现超越，你才能飞得更高。

每个人的能力都是有限的。年轻人精力旺盛，认为没有做不完的事。其实，精力再充沛，个人的能力还是有一个限度的。超过这个限度，就是人所不能及的，也就是你的短处了。所以，要向别人学习，汲取别人的长处来弥补自己的不足。同时，也因为自己的能力倾向与其他人不同，所以每个人有自己的长处，同时也有不足之处。在这种情况下，用他人之长来弥补自己的不足就成了完善自身的有效方法。

刚出校门的年轻人，往往容易犯自我陶醉的毛病，自认为学历高、知识广就自命清高，在工作中不懂得向资深人士学习工作经验，结果吃了不少苦头，浪费了不少时间。

学历不等于能力，有了很高的学历不一定就高人一等，因此也就没有必要向别人炫耀什么。如果只因为自己的学历比别人高，认为自己高高在上，没有不足之处，这样的人就危险了。

任何人都不是完美的，在竞争激烈的现代社会，如果还摆高学历的架子，那就等于是向失败敞开怀抱。

多少成功的范例证明：只有养成向他人学习、取长补短的好习惯，才能充分发挥自身优势，利用他人的优势来弥补自己的不足，才能在今天的社会中取得更大的成就。

第五章

拆掉思维的墙：

让大脑成为帮助你不断精进的利器

用思考提升智慧

一天深夜，著名现代原子物理学的奠基者卢瑟福教授发现一个研究生仍在实验室里勤奋工作。

卢瑟福教授上前关心地问道："这么晚了，你还没有休息？"

研究生回答："是的。"

教授问："你白天做什么了？"

"我也在工作。"

"那么，你一整天都在工作吗？"

研究生暗想，教授一定会赞许自己，于是说："是的，老师。"

卢瑟福教授说："你很勤奋，整天都在工作，这是很难得的。可我想提醒你的是你有没有时间来思考呢？"

从这个故事中可以悟出一个道理：勤奋工作的同时，必须学会思考。

爱因斯坦说得好："要善于思考、思考、再思考，我就是靠这个学习方法成为科学家的。"

爱因斯坦还说："提出一个问题，往往比解决一个问题更重要。"

思考的目的是要发现问题，而创新总是从发现问题开始的，亚里士多德曾精辟地阐述："思维从问题、惊讶开始。"

所以，思维的过程就是不断发现问题、分析问题和解决问题的过程。

每一个追求成功的人几乎都能意识到：思考是打开成功大门的钥匙，都希望自己养成思考的好习惯。

但是，在生活中，仍有一些人不会思考，没有养成思考的习惯。

一个人控制自己的身体容易，控制大脑却很难。换句话说，动作的惯性容易改变，比如走路的姿势、弹琴、雕刻工艺、工作技能等，只要经过长期的训练就能做到娴熟、灵巧、精确。而思维就不同了，思维一旦形成习惯，就可能趋向保守、顽固、束缚、教条。

特别是当一些成功的经验被定格在"习惯"上之后，一旦面对新问题，就会做出消极的反应：不想再做新的思考，一切都显得理所当然，不愿改变现状。

这些人就会常常被指责为按老规矩办事，抱残守缺，缺乏新鲜感，缺乏创造性。

一个养成积极思考习惯的人往往不会满足于现状，不会因循守旧，不会迷信经验，不会盲从别人。他们遇到问题时，首先不是去接受别人的观点，而是多问一些"是什么""为什么""怎么样"等，即使不用语言表达，头脑中也一定会出现波澜起伏的思绪。一个人养成这样的习惯，就不会只做个机械的操作工、搬运工，因为他习惯了思考、观察，善于反思各种既定的模式，敢于突破条条框框的束缚，寻求新的思路，这样才会成为成功人士。

不会思考的人对于新的刺激和新的发现，表现出来的态度是冷漠、茫然、抵触。 这些人头脑中有很多固定的东西，那些固定的东西是思考的障碍，会阻断思考的思路与灵气。 如果这样，就会变得厌恶变革、害怕创新、畏首畏尾。 这种情况的出现，有时很可能是机体中的衰老现象，因为这种现象也会影响思维方式，这是用进废退的原则在这些人身上的体现。

事实证明，经常思考是训练智力的有效方法。

　　一位美国老师在给学生们上自然课时端来一盆蚯蚓，让学生每人拿一条蚯蚓观察。可是蚯蚓很不听话，纷纷从学生手中逃脱，到处乱爬。

　　于是，学生们开始在教室里"追捕"蚯蚓，场面很混乱。老师认为：要想了解蚯蚓的知识，就必须跟蚯蚓亲密接触，如果连抓蚯蚓都没学会，或者不敢抓的话，那叫什么自然课，又怎么了解关于蚯蚓的知识呢？

　　当学生们把蚯蚓捉住后，老师让学生仔细观察蚯蚓的特点。

　　学生们观察到蚯蚓没有腿、会蠕动、身体由许多体节组成的等。

　　一个学生立即说："老师，我把蚯蚓放在嘴里尝了尝，发现是咸的。"

　　老师高兴地说："你很勇敢，亲自尝了尝，我不如你。"

　　有一个学生说："老师，我用线绳拴住蚯蚓，然后吞了下去，之后再拉出来，发现它还活着，说明蚯蚓的生命力非常旺盛……"

这时，老师站了起来，神情严肃地说："呵，你真了不起，这么小的年纪就有为科学献身的精神！我真为你感到骄傲。"

美国老师鼓励学生大胆思维、标新立异，有效地保护了学生的创新思维和创新意识。而学生们也发扬独立思考的精神，求新求异，各抒己见，思维能力得到了很好的锻炼。

一个有思考习惯的人常常在别人习以为常的现象中发现新的东西，发现成功的机会。

池田菊苗是日本一所大学的化学教授，有一天下班回家，妻子像往常一样将做好的饭菜和汤端上了桌子。

池田菊苗照例先喝了一口汤，觉得今天的汤比以往每天的都要鲜美，教授用汤勺在汤碗里搅动了几下，发现汤里除了几片黄瓜以外，还有一点海带，而以前的汤里是没有海带的。

池田菊苗教授出于思考的习惯和对科学特有的兴趣，研究起海带的化学成分。

经过半年的分析和研究，教授终于发现了海带中含有一种物质——谷氨酸钠，正是这种物质，使得汤的味道格外鲜美。教授将这种物质提炼出来，并取了一个好听的名字——味精。

后来，池田菊苗教授又进一步研究，发明了用小麦、脱脂大豆为原料提取谷氨酸钠的办法，为味精的工厂化生产开拓了道路。

现在，味精已经是人们经常食用的一种调味品。

一般人喝汤时不会留心汤味为什么会变鲜，即使感觉到汤味变鲜美了，也不会去思考为什么汤这么鲜美。

在这个故事中，教授之所以会成功，源于他有爱思考的习惯。

1940年，美国皮革商巴察的食品冷冻法获得专利，他将这项专利出售后得到了1万美元的专利奖。这在当时可不是小数字。

巴察本是一个皮革商，怎么会获得食品冷冻的专利呢？这话必须从头说起。

巴察经常去纽芬兰海岸，在结了冰的海上凿洞钓鱼。

从海水中钓起的鱼放在冰上，立即被冻得硬邦邦的。几天后，食用这些冻鱼时，巴察发现，只要鱼身上的冰不融化，鱼味就不会变。

根据这一发现，巴察开始试验将肉和蔬菜冰冻起来。他高兴地发现，只要把肉和蔬菜冻得像那些鱼一样，就能保持新鲜。

经过反复试验，他又进一步发现：冰冻的速度和方法不同，食品冰冻后的味道和保鲜程度也不同。

经过几个月废寝忘食的研究，巴察为他发明的食物冰冻法申请了专利。由于这是一种具有极大潜力和应用范围的新技术，所以很多人找上门来。巴察待价而沽，最终由通用食品公司以 1 万美元的巨款把这项专利拿到了手。

成功并不神秘，很多机会就在你身边。 如果没有思考的习惯，即使机会来了，也可能视而不见。 只有当你运用"思考"这个灵巧的工具细心、深入地思考一些有趣的现象时，才会看到"成功"正在那儿闪闪发光。

思考会提高效能

　　传说锯子是鲁班发明的。鲁班经常到山上去寻找木材，他看到工人们一斧头一斧头大汗淋漓地砍着树，觉得他们实在太辛苦了，于是他就想，能不能发明个什么东西代替斧头，让砍树时更省劲儿点呢？这个念头在他的脑中一直盘旋着。

　　一天，鲁班又出门上山去。在爬一段比较陡峭的山路时，他滑了一下，急忙伸手抓住路旁的一丛茅草，忽然觉得手指被什么东西划了一下，鲜血渗了出来。他扯起一把茅草细细端详，发现小草叶子的边缘长着许多锋利的小齿，他用这些密密的小齿在手背上轻轻一划，居然割开了一道口子。突然间，鲁班脑中灵光一闪，是什么想法打动了鲁班呢？

　　原来，他想到了这些天来自己一直费神思索找个什么东西代替斧头砍伐树木一事，这么细小的茅草都能将皮肉划破，那么应该也有东西能轻易将树木砍倒。

　　鲁班兴致一来便忘了疼痛，俯身凑到茅草跟前观察起来，只见茅草的边上有一排细细的利齿，正是这些玩意儿把他的手指划破了。鲁班若有所思地站了起来，他想："我何不让铁匠打制一些边上有细齿的铁条，放在树上来回拉动，不就像这个茅草割破手指的道理一样吗？如果能行的话，就比斧头省时省力多了。"

根据这一想法，鲁班制成了第一批锯条。经过试用，果然比斧头省事多了。直到现在，木工们仍在用着鲁班发明的锯子。

有一位哲人说过这样一句富有哲理的话："这个世界不缺能干活的人，缺的是会思考的人。"一个会思考的人可以大大提高生产力，让许多干活的人解放出来，这对人类历史的发展岂不是更有意义？肯花心思思考的人能创造更多价值，可以让自己、让他人都少花许多力气。

看看下面这个故事吧，相信会给你一些启发。

很久以前，在一个偏远的山村缺少水喝，两个年轻的小伙子担当起了挑水的任务。当然，村民会给予他们一定的报酬。刚开始，两个年轻的小伙子非常卖命，一天要挑几十担的水，这样他们可以得到更多的报酬。

时间久了，其中一位小伙子开始琢磨如何改变这种辛苦的现状，能不能不用整天卖命也可以拿到报酬呢？当他觉得自己找到这个问题的答案时，一个计划也就形成了。

于是，有一天，他与另一位小伙子商量说，这样每天挑水不行，希望这个小伙子能帮他挖管道。可是，那位小伙子没有答应他，甚至取笑他，原因是现在每天挑水可以得到很多钱，够养活自己，也可以养活家人，如果去挖管道就没有时间挑水，赚不到钱！

这个小伙子没办法，只好自己每天上午挖管道，下午挑水以维持生计。终于有一天，管道挖成了，这位小伙子再也不用辛辛苦苦挑水了，每天从管道流出来的水带给他滚滚财富。他每天在家休息，财富却源源不断地进入他的口袋，而那位不肯动脑筋思考的小伙子，年龄越来越大，收入越来越少，最后失业了。

相信这个故事会让你更明白"劳心与劳力此消彼长"的关系。做一件事情的时候，如果你肯多花些心思寻找技巧或是规律，相信可以让你省去不少时间，少做许多不必要的体力劳动。

劳心的结果就是解放人的劳动力，通过理性的思考，用智慧创造价值，才能让人从繁重的体力劳动中解脱，才能用低耗能创造出更多的价值。

你一定知道这个小故事：

德国伟大的数学家高斯上小学时，一次一位老师想整治一下班上的淘气学生，他出了一道数学题，让学生从 1＋2＋3……一直加到 100 为止。他想这道题足够这帮学生算半天的，他也可能得到半天悠闲。谁知，出乎他的意料，刚刚过了一会儿，小高斯就举起手来，说他算完了。老师一看答案，5050，完全正确。老师惊诧不已，问高斯是怎么算出来的。高斯说，他不是从开始加到末尾，而是先把 1 和 100 相加，得到 101，再把 2 和 99 相加，也得 101，最后 50 和 51 相加，也得 101，这样一共有 50 个 101，结果当然就是 5050 了。这其实就是一种"偷懒"。

正是因为有了这样的"偷懒"，人类的文明才在不断向前发展。人们不停地想办法发明一些工具以方便工作：有人懒得走路，他们就发明了自行车、汽车；有人懒得爬楼，他们就发明了电梯；有人懒得洗衣服，他们就发明了洗衣机；有人懒得扇扇子，他们就发明了电风扇……还有搅拌机、计算机、电饭锅，所有这些可以给人们带来方便的物品，哪一个不是人类"偷懒"的结晶？当然，这种"偷懒"是有前提条件的，就是手脚懒而头脑勤快。

聪明的你，看到这里肯定早已明白了，我们说的"偷懒"，是用最省力、最简单的方法来获得最高的效率。多"劳心"，少"劳力"，学会这种"偷懒"，省下更多的时间、更多的力气，去做更有意义的事。要学会"偷懒"，就是说你要时时处处思考最简单有效地解决问题的方法，从而把自己的时间和体力解放出来。

多角度思考问题

　　从不同角度思考同一事物的能力，是思维的一个特点。日本的学者比嘉祐典用比喻式的语言，说明了多角度思考的重要性，他说："我们应当学会从各个角度看问题。一样东西，从坐着、站着、蹲着、躺着、站在凳子上等各个不同的角度去看，就会看到不同的样子。"

　　苏轼的《题西林壁》一诗，就是从不同角度观察同一事物，可得出不同结论的恰当而又形象的范例："横看成岭侧成峰，远近高低各不同。"同一座庐山而观看结论的"各不同"，就源于观察者所处位置和角度的"各不同"。

　　鲁迅在《〈绛洞花主〉小引》中这样说过："《红楼梦》是中国许多人所知道，至少，是知道这名目的书。谁是作者和续者姑且勿论，单是命意，就因读者的眼光而有种种：经学家看见《易》，道学家看见淫，才子看见缠绵，革命家看见排满，流言家看见宫闱秘事。"面对同一本《红楼梦》，由于读者的社会身份和立场的不同，也就形成了不同的"眼光"。

　　教育家杜威也表示过同样的意思。他说："在马市上看到一匹马，不同的人看到的内容是不同的。动物学家、骨骼学家和马贩子分别看到的是：它的进化程度、成熟程度和值多少钱。"面对同一匹马，3种不同职业的人站在不同的立场，其视角和结论就迥然有别。

　　虽然人们看问题的角度是各不相同的，但人们看问题也有共性，因为基于经验和教育，人类存在某种相同的思维定式，只有那些出类拔萃的人才善于从别人未想到的角度去思考问题，发现别人没有发现的思考角度。

我们经常会碰到以下两类问题：一类问题很明确，而这个问题的正确答案往往也是唯一的。另一类问题就是可能有多种答案的问题，甚至问题在开始时并不十分明显。日常生活中遇到的大量问题都属于后者。

原子核物理学之父欧内斯特·卢瑟福在担任皇家学院院长时，有一天接到一位教授打来的电话："院长大人，我有个不情之请，要拜托你帮忙。"

"大家都是老同事，干吗这么客气？"

"是这样的，我出了一道物理学的考题，给了一个学生零分，但这个学生坚持他应该得到满分。我和学生同意找一个公平的仲裁人，想来想去就阁下你最合适。"

"你出的是什么题目？"

"题目是：如何利用气压计测量一座大楼的高度？校长大人，如果是你怎么回答？"

"这还不简单？用气压计测出地面的气压，再到顶楼测出楼顶的气压，两压相差换算回来，答案就出来了。当然也可以先上楼顶量气压，再下到地面量气压。只要是本校的学生都应该答得出来。"

"对，你猜这个学生怎么答？他回答说：先把气压计拿到顶楼，然后绑上一根绳子，再把气压计垂到一楼，在绳子上做好记号，把气压计拉上来，测量绳子的长度，绳子有多长，大楼就有多高。"

"哈，这家伙挺滑头的。不过，他确实是用气压计测出大楼的高度，不应该得到零分吧？"

"他是答出一个答案，但是这个答案不是物理学上的答案，没办法表示他可以合格升到下一个进阶的课程啊！"

卢瑟福第二天把该学生找到办公室，给学生6分钟的时间，请他就同样的问题再作答一次。卢瑟福特别提醒答案要能符合物理学的程度。

5分钟过去了，卢瑟福看学生的纸上仍然一片空白，便问："你是想放弃吗？"

"噢！不，卢瑟福院长，我没有要放弃。这个题目的答案很多，我在想用哪一个来作答比较好，你跟我讲话的同时，我正好想到一个挺合适的答案呢！"

"对不起，打扰你作答，我会把问话的时间扣除，请继续。"

学生听完，迅速在白纸上写下答案：把气压计拿到顶楼，丢下去，用码表计算气压计落下的时间，然后用 $X = 0.5 \times a \times t^2$ 的公式，就可以算出大楼的高度。

卢瑟福转头问他的同事，说："你看怎样？"

"我同意给他99分。"

"同学，我看事情就等你同意，便可以圆满解决。"

"院长、教授，我接受这个分数。"

"同学，我很好奇，你说有很多答案，可不可以说几个来听听？"

"答案太多了。你可以在晴天时，把气压计放在地上，看它的影子有多长，再量出气压计有多高，然后去量大楼的影子长度，同比例就可以算出大楼的高度。

"还有一种非常基本的方法，你带着气压计爬楼梯，一边爬一边用气压计做标记，最后走到顶楼，你做了几个标记，大楼就是几个气压计的高度。

"还有复杂的办法，你可以把气压计绑在一根绳子的末端，把它像钟摆一样摆动，通过重力在楼顶和楼底的差别来计算大楼的高度。或者把气压计垂到即将落地的位置，一样像钟摆来摆动它，再根据'径动'的时间长短来计算大楼的高度。"

"好孩子，这才像上过皇家学院物理课的学生。"

"当然，方法是很多，或许最好的方法就是把气压计带到地下室找管理员，跟他说：'先生，这是一根很棒的气压计，价钱不便宜，如果你告诉我大楼有多高，我就把这个气压计送给你。'"

"我问你，你真的不知道这个问题传统的标准答案吗？"

"我当然知道，校长。"学生说，"我不是没事爱捣蛋，我是对老师限定我的'思考'感到厌烦！"

卢瑟福遇到的学生名叫尼尔斯·玻尔，是丹麦人，他后来成了著名的物理学家，在 1922 年获得诺贝尔奖。

科学家哈定说："所有创造性的思想家都是幻想家，而幻想主要是靠发散性思维。"事实上，多角度思考问题就是一种发散性思维，而发散性思维是突破原有的知识圈，以一点向四面八方扩散，沿着不同方向、不同角度进行思考的方法，它是通过知识、观念的重新组合，找出更多更新的可能的答案、设想或解决办法。

保持思维的独立性

赵大妈家里的条件本来还算不错，可这几年，家底却渐渐被赵大妈给折腾空了。4 年前，赵大妈的一群老姐妹纷纷去跑传销，赵大妈心一热，就去提了一笔钱加入传销大军，结果呢？赵大妈一家六口，外加几家亲戚，人手一台健身器，几万元钱就买了这些东西。两年前，股市回温，人们一窝蜂去炒股票，赵大妈又动了心，拿了两万进股市。也是运气不好，偏赶上熊市，两万元钱3 天就缩水剩下了 4300 元，赵大妈真是后悔，可是偏偏改不了这个跟风的老毛病，刚吃了亏反省完，看见别人一做什么，她就又心动了。

赵大妈就是生活中习惯盲从的人的典型代表，他们最大的特点就是喜欢跟风，喜欢用别人的观点看待事物，这实在是一个很糟糕的习惯。爱默生曾说过："想要成为一个真正的'人'，首先必须是个不盲从的人……当我放弃自己的立场，用别人的观点去看一件事的时候，错误便造成了……"也就是说，你可以试着从别人的观点来看待事情——但不能因此放弃自己的观点。

如果说成熟有什么好处的话，那便是发现自己的信念及实现这些信念的勇气——不论遇到什么样的情况。

一个涉世未深的年轻人，他常常会担心自己与别人不一样——怕自己的穿着、行动、言谈或者思考模式不被他所属的群体接受，于是尽量使自己与所属的圈子相同。 家里有青少年的父母，最害怕听到孩子说这样的话："林达的母亲都让她搽口红啦。""跟我同年龄的女孩都和男孩子出去约会了。""我的天啊，你们想要我做一个老怪物吗？ 别人都不需要在 10 点钟以前赶回家的。"如此等等。

小孩子都喜欢与同龄的人做相同的事，他们很在意朋友或玩伴对自己的看法。 他们需要被自己的同伴认可——这是他们存在的最重要的依据。 小孩子的这种盲从心理是可以理解的，因为他们的判断能力较差，但如果一个成熟的人也这样做的话，就会成为一个没有个性的人，永远只能被别人牵着鼻子走。

或许你曾看过这样一个故事：

一个从国外回来的年轻人很调皮。有一天他突发奇想，希望能捏到国王的鼻子，可怎样才能做到呢？第二天散步的时候，年轻人遇见一个朋友，于是他走上前去捏了捏朋友的鼻子，朋友吓了一跳："你这是什么意思？""没什么意思！"年轻人礼貌地回答，然后走开了。这个朋友琢磨了起来："为什么呢？会不会是国外的礼节？这太时髦了！"于是他又去捏了另一个朋友的鼻子，这种"捏鼻礼"在整个国家盛行了起来。一个月后，在一次集会上，当人们把年轻人介绍给国王时，年轻人就很轻松地捏到了国王的鼻子。

这就是盲从的力量，它把一件荒谬的事变得合情合理。 而生活中，我们就常常扮演了那个"朋友"或"朋友的朋友"的角色，盲目地模仿别人的做法，最让人头痛的是我们甚至不知道这么做是为了什么，这实在是愚人的行径。

盲从的思维习惯或许让你觉得安全，因为你身边有很多人都在这样做。然而这种"安全"不过是种假象，盲从只会使你变得更脆弱，所以盲从的思维习惯千万要不得。

大部分人（无论是男是女），都没有想到其实自己才是世界上最伟大的专家——在他们自己、家庭或事业的世界里，他们做某些事，只不过是因为某些"专家"这么说，或因为那是一种流行，跟着做也可以凑个热闹。

一个人只有保持了思考的独立性，才能把自己潜在的天赋都发挥出来，才能使自己活得更有用处，如果总是唯唯诺诺地随波逐流，那他就永远也得不到梦想中的幸福。

几乎每个人都知道现代经济学上的鲶鱼效应，但是很少有人知道人类学上还有个鲦鱼启示录。如果仅将鲦鱼的实验拿来解释人类行为，可能不见得完全合理，但就人类与其他生物事实上具有的某些共通性的特征而言，鲦鱼的实验为人类至少提供了一个警讯式的启示。

鲦鱼是一种群居的鱼类，这是因为它们没有太大的能力去攻击其他鱼类的缘故。通常它们有一个聪明且活动力强的首领，其他的鲦鱼便追随在它后面，亦步亦趋地形成一种极有趣味的生活秩序。

有好事的动物行为专家曾做了一个实验，他们将一条鲦鱼的脑部割除，然后将这条鱼放入水中。此时，它不再游回群体，相反，却任凭自己的喜好而游向任何方向。令人惊讶的是，其他鲦鱼这时都盲目地跟随着它，使得这条无脑的鱼成为鱼群的领导者。

在这个故事中，其实无脑的鲦鱼并不重要，重要的是那一大群盲目从众"随大溜"的追随者。例如，一个人走进候诊室，向四周一看，感到十分惊讶：先来的人都只穿着内衣裤坐着等候。他们穿着内衣裤喝咖啡、抽烟、读报、聊天。这个人起初迷惑不解，后来断定这群人说不定知道一些他所不知道的内情。20秒钟后，他也脱下外衣，坐着候诊。又如，有个人在办公大楼耐心地等电梯，当电梯门打开时，他看见电梯内的每个人都面朝内，背朝外。于是，当他踏进电梯后，也面朝内，背朝外。

在生活中，每个人都有不同程度的从众倾向，总是倾向与顺应大多数人的想法或态度，以证明自己并不孤立。研究发现，持某种意见的人数的多少是影响从众最重要的一个因素，"人多"本身就是说服力的一个证明，很少有人能够在众口一词的情况下还坚持自己的不同意见。

奥尔福德·斯隆有一次在主持通用汽车公司的董事会议时，有位董事提出了一项建议，其他董事立即表态支持。附和者说："这项建议将使公司大发利市。"另一位说："应尽快付诸实施。"第三人起立表示："实施这项建议可击败所有的竞争对手。"当与会者纷纷表示赞成时，斯隆提议依序表决。结果，大多数人点头赞成。最后轮到斯隆，他说："我若也投赞成票，便是全体一致通过。但是，正因如此，我打算将此议案推迟到下个月再做最后决定，我个人不敢苟同诸位刚才的讨论方式，因为大家都把自己封闭在同一个思考模式里，这是非常危险的决策方式。我希望大家用一个月时间，分别从各个不同方面研究这项议案。"

一个月之后，该议案遭到董事会否决。

1952年，美国心理学家所罗门·阿希做了一个实验，研究人们会在多大程度上受到他人的影响而违心地做出明显错误的判断。他请大学生自愿做他的试验者，告诉他们这个实验的目的是研究人的视觉情况。当某个大学生走进实验室的时候，他发现已经有5个人先坐在了那里，他只能坐在第六个位置上。事实上他不知道，其他5个人是跟阿希串通好了的，即所谓的"托儿"。

阿希要大家做一个非常容易的判断——比较线段的长度。他拿出一张画有一条竖线的卡片，让大家比较这条线和另一张卡片上的3条线中的哪一条线等长。实验共进行了18次。事实上，这些线条的长短差异很明显，正常人是很容易做出判断的。

然而，在两次正常判断之后，5个"托儿"故意异口同声地说出一个错误答案，于是第六个人开始迷惑了，他是相信自己的眼力呢，还是说出一个和其他人一样但自己心里认为不正确的答案呢？

从结果看，平均有33%的人的判断是从众的，有76%的人至少做了一次从众的判断。而在正常的情况下，人们判断错的可能性还不到1%。当然，还有24%的人没有从众，他们按照自己的正确判断来回答问题。

木秀于林，风必摧之。 压力是从众的一个决定因素。 在一个单位内，谁做出与众不同的判断或行为，谁往往就会被其他成员孤立，甚至受到严厉的惩罚，因而所有成员的行为往往高度一致。 美国霍桑工厂的实验很好地说明了这一点：工人对自己每天的工作量都有一个标准，因为任何人超额完成都可能使管理人员提高定额，所以没有人愿意去打破这个标准。 这样，一个人干得太多，就等于冒犯了众人；但干得太少，又有"磨洋工"的嫌疑。 因此，任何人干得太多或者太少都会被提醒，而任何一个人冒犯了众人，都有可能被抛弃。 为了免遭抛弃，人们就不会去"冒天下之大不韪"，而只会采取"随大溜"的做法。

当然，从众行为有时是必要的。 社会生活需要互相合作，如果没有一致的行动，社会组织势将崩溃。 况且，在特定的情况下，当你茫然不知所措时，仿效他人的行为和见解不失为一种权宜之计。 假如你走进一家自助洗衣店而不知如何操作洗衣机，这时你或许应观察别人的操作方法，然后如法炮制。

然而，从众牺牲了我们的个性，妨碍我们产生新的创见，压抑了个人的独创精神。 如果大多数人的想法都很接近，就等于没有人真正开动脑筋。 所以，从一定意义上说，随众附和的态度不利于培养创造性思维，而独立思考的个性则有助于发展创造力。

第六章

做习惯的主人：

什么样的习惯决定什么样的人生

习惯是一种支配人生的力量

一种行为，多次重复后就能进入人的潜意识，并逐渐变成习惯性动作。人的知识积累、才能增长、极限突破等，都是不断重复成为习惯性动作的结果。

习惯一般是指一种重复性的、通常为无意识的日常行为规律，它往往通过对某种行为的不断重复而获得。习惯是思维和性格的某种倾向，习惯是一种经常性的态度和行为。

习惯的力量是巨大的。在一个人的日常活动中，有90%的行为都是在不断重复原来的动作，并在潜意识中转化为程序化的惯性。这些行为都是不用思考的自动运作，这种自动运作的力量就是习惯的力量。

习惯每时每刻都在影响着我们的生活，它是行为的自动化，不需要特别的意志努力，不需要别人的监控，不需要按什么规则去行动。习惯一旦养成，就会成为支配人的一种力量，主宰人的一生。

心理专家研究发现，一个人工作、学习的好坏，有20%与智力因素相关，80%与非智力因素相关，而在信心、意志、习惯、兴趣、性格等非智力因素中，习惯又占有重要位置。

芝加哥大学的本杰明·布鲁姆博士开展了一项对杰出学者、艺术家以及运动员的研究，前后长达5年之久，研究结果表明，造就这些原本普通人士非凡成就的主要因素，不是天才和天赋，而是坚韧不拔的好习惯，他们大多能不畏挫折与失败，并能在实践中不断地追求完美。

习惯是日积月累形成的，它对于一个人的成功与幸福的影响是重大的，所以我们一定要注意自己的小习惯。

有这么一个小故事：

有一个猎人，在一次打猎中捡回一个老鹰蛋，回到家里，他把老鹰蛋和母鸡正在孵的鸡蛋放在了一起。

没过多久，小鹰和小鸡一起出世了，在母鸡的照顾下，小鹰很开心地和小鸡们生活在一起。

小鹰当然不知道自己是一只鹰，它和小鸡们一起学习鸡的各种生存本领。母鸡也不知道它是一只鹰，按照教育小鸡那样的方法教育小鹰。这只小鹰一直按照鸡的习惯生活着。

在它们生活的地方，不时有老鹰从空中飞过。每当老鹰飞过时，小鹰就说："在天空飞翔多好啊，有一天我也要那样飞起来。"

然而母鸡每次听到小鹰这么说都提醒它："别做梦了，你只是一只小鸡，不可能飞起来的！"

其他小鸡也一起附和道："我们只是小鸡，不可能飞那么高的。"

小鹰被提醒的次数多了，最后终于相信自己永远不可能飞那么高。当小鹰再看到老鹰飞过时，它便主动提醒自己："我只是一只小鸡，我不可能飞那么高。"

就是这样的思维习惯，让这只鹰到死那一天也没有飞翔过——虽然，它拥有翱翔蓝天的翅膀。

由此可见，习惯虽小，却影响深远。

习惯的力量是巨大的。习惯一旦养成，它就会影响并主宰我们的生活。但习惯是如何养成的？又是什么影响了我们的习惯呢？

说到影响习惯的因素，我们不能不回到古罗马时期。

古罗马时期，牵引一辆战车的两匹马屁股的宽度是4.8英尺（相当于1.46米），因此，罗马人以4.8英尺作为战车的轮距宽度。当时，罗马统治的整个欧洲，甚至英国的道路都是罗马人为他们的军队所铺设的，因此，英国马路辙迹的宽度自然也成了4.8英尺，其他轮宽的马车在这些路上行驶的话，轮子的寿命都不会很长。

最先造电车的人以前是造马车的，所以电车的标准是沿用马车的轮距标准。而早期的铁路是由造电车的人所设计的，因此，4.8英尺成了现代铁路两条铁轨之间的标准距离。

更为奇妙的是，这个习惯影响到了美国航天飞机燃料箱两旁的两个火箭推进器的宽度。这是因为，这些推进器造好之后要用火车运送，路上又要通过一些隧道，而这些隧道的宽度只比火车轨道宽一点，因此，火箭助推器的宽度是由铁轨的宽度所决定的。

所以，最后的结论是：两千年前的两匹马屁股的宽度决定了美国航天飞机的火箭助推器的宽度。

有人把这种现象称为"路径依赖"。"路径依赖"类似于生活中的"惯性"，日常生活中普遍存在着这种自我强化的机制，它使人们一旦选择走上某一路径，就会在以后的发展进程中不断地自我强化。 由此可见，人的习惯首先是惯性的结果。习惯就像是走路，人们如果选择了一条道路，就会沿着这条道路一直走下去。 惯性的力量会使人们不自觉地强化自己的选择，并让你难以走出自己选择的道路。 从某种意义上来说，习惯也是个人与环境、行为相互影响的结果。

另外，家庭的传统对整个社会都有着一定的影响。 当孩子们随着年龄的增长，逐渐摆脱家庭束缚的时候，他们从小养成的习惯便与他们如影随形。 如果真要究其原因，那么完全可以从家庭教育中找到答案。 比如，所有家庭成员都爱干净，都有垃圾入篓、脏水入桶的习惯，那么从这个家庭里走出来的孩子就不会在公共场所乱扔废物，我们周围的环境也将因此而受益。

家庭对孩子的影响看起来微不足道，甚至常常被一些人忽略，但是在良好的家庭环境影响下，往往能成就一个人一生的梦想。

亚伯拉罕·林肯是一个出身于贫苦家庭的孩子，良好的家庭熏陶成就了他坚韧不拔、积极进取的优良品质。 无独有偶，爱迪生也是一个出生在贫苦家庭的孩子，家庭的环境成就了他善于动手、积极动脑的好习惯，也成就了他不怕一切艰难险阻的优秀品质。

还有一些习惯是一个人自我调节的结果。 对此，柏拉图指出：如果行为仅仅由外部报酬或惩罚所决定，人就会像风向标一样，不断地改变方向，以适应作用于他们的各种短暂影响。事实上，除了在某种强迫压力下，当面临各种冲突时，人们具有自我指导的能力，使得人们可通过自我调节为自己的思想感情和行为施加某种影响。

有什么样的习惯，就有什么样的人生

习惯的力量到底有多大？ 让我们先来看一个发生在西方著名的"足球之乡"的故事。

一天，这个"足球之乡"的一幢居民楼突然发生了一场大火。刹那间，火势汹涌，翻滚的浓烟裹挟着通红的火舌，眼看就要吞噬整幢大楼。

就在这时，楼下惊恐的人群猛然发现被浓烟遮盖着的一个四层阳台上困着一位年轻的母亲，母亲怀抱着一个婴儿，正焦急万分，不知如何是好。

大火开始向阳台逼近，很快就要危及母子俩的安全。就在这千钧一发之际，人群中有人大喊起来。原来，有人发现一位著名的足球门将正好在场，于是人们齐声大喊着让那位母亲快把那婴儿扔下来，扔给那位门将，并自动闪开了一条通道。

情急中，那位母亲果然看到了那位她十分熟悉的门将，于是，毫不犹豫地把自己的婴儿向他扔去。那位门将见婴儿从半空中朝自己飞来，一个箭步扑过去，把那婴儿稳稳地接在自己的手中。

全场人顿时松了一口气，随即爆发出一片欢呼声。

但接下来的一幕却让所有的人始料未及：只见这个门将接过婴儿后，顺势把手中的婴儿向上一抛，随即对准婴儿飞起一脚踢了出去。

有个经历过很多次战争并得过很多勋章的上尉退伍了。回到城里后，他的朋友就给他张罗介绍女友，这天，朋友又给他介绍了一个。

上尉出门之前，朋友给了他一些忠告："你在战场上或许很在行，但在爱情上有些事你要听我的。第一，下车后你要替你的女友开门；第二，女友要入座时，你应在她后面帮她拉椅子；第三，她说话时你要温柔地看着她；第四，她需要什么东西你一定要抢先做好，不要让她动手。如果这些都能做到，那你十之八九能得到她的芳心。"

第二天，朋友打电话问他昨晚进展如何，他沮丧地说："我没有希望了！"于是朋友问他："你是不是忘了替她开车门？"他说："不，我替她开了车门，她很高兴！"朋友又问："你是不是忘了帮她入座？"他说："不，我帮她入座了，她说我是绅士！"

朋友迷惑了："你是不是在她说话的时候东张西望？"他说："不，我一直看着她，她说我很温柔，并且称赞我的眼睛很有魅力！"

最后朋友问："那你是不是在某件事上让她自己动手了？"他沮丧地说："如果真是这样就好了。我们回家时，她说口渴，于是我就跑去替她买饮料。"朋友说："那很好呀！"

"可是，"他犹豫了一会儿，说，"出于多年的习惯，我一拉开饮料罐就向她砸了过去，自己躲到了墙壁后面……"

如果说宇宙间最大的力量是惯性的力量，那么对于个人而言，最大的力量便是习惯的力量了。英国有个叫洛克的人也说过："习惯一旦养成之后，便用不着借助记忆，很容易很自然地就能发生作用了。"我们看到，在习惯力量的驱使下，足球门将把飞身扑救到的孩子当作足球踢了出去；退伍上尉则把拉开的饮料罐当作冒着烟的手榴弹向女友砸了过去，从而错失了已经到手的姻缘。这些虽然都是极端的个案，但由此可见习惯力量的根深蒂固。

所谓行为决定习惯，任何一种行为只要不断地重复，就会成为一种习惯。同样的道理，任何一种思想只要不断地重复，也会成为一种习惯，进而影响到潜意识，在不知不觉中改变我们的行为。

亚历山大图书馆发生火灾的时候，馆里所藏的图书被焚烧殆尽，但有一本不是很贵重的图书却得以幸免。有一个只能识几个字的穷人花了几个铜板买下了这本书，图书本身没有多大的价值，但书页里面却藏着一样非常有趣的东西——一张薄薄的羊皮纸，上面写着点石成金的秘密——在黑海边有一块奇怪的小石头，只要随身带着这块小石头，就可以把自己遇见的所有普通石头都变成金子。这块小石头就是古埃及传说中的那块奇石，奇石的外观跟海边成千上万的石头没什么两样，奥妙之处就在于它摸起来是温热的，而被海水浸过的普通石头摸起来则是冰凉的。

无意中得到点石成金秘密的穷人兴奋极了，他很快就变卖了家当，带着简单的行囊，朝黑海边走去。经过了长达一年的风餐露宿之后，他终于来到了黑海岸边，开始寻找传说中的那块奇石。

开始的一段时间，他把自己遇到的石头捡起来之后又随手扔到了黑海边。过了一段时间之后，他发现，如果继续这样下去的话，那么就很难区别哪些石头已经被捡起、哪些石头还没有摸过，这可能会导致他多次重复捡到已经摸过的石头。长此下去，他的工作效率就会大大降低，而且摸到奇石的概率也会因此而减少。为防止类似情况的发生，他决定改变一种方式来寻找奇石——以后每当捡起一块冰凉的普通石头时，他就用力向海里扔去，然后再弯下腰捡那些没有摸过的石头。

时间一天天过去了，冰凉的普通石头一块一块地从他的手中抛向大海。一个月过去了，一年过去了……寒来暑往，转眼他已经在黑海边度过了无数个春秋，在他捡到的石头中始终没有一块是羊皮书中所说的"摸在手里温热的奇石"。多年以来，他一直不停地重复着这样的动作：弯腰捡石头——用力扔向海中——再弯腰去捡海边没有摸过的石头。这样的动作虽然机械而无聊，但是他却从来没有气馁过，他总是希望自己下一次摸在手中的石头是温热的，他相信自己最终会成为拥有无数财富的大富翁。

捡石头、扔石头的动作已经被他练到了十分熟练的程度。随着经验的丰富，他后来几乎能够以迅雷不及掩耳的速度去捡石头、扔石头了。一天早上，他像往常一样草草地吃了一些东西之后就去捡石头，当他不经意地捡起一块石头时，他感觉到这块石头是温热的！他迅速反应过来，这就是他多年以来一直想要得到的奇石。可是，就在他反应过来的时候却发现，那块奇石已经被他习惯性地扔到了海里——因为往海里扔石头的动作太具习惯性了，以至于他还没来得及做出反应，那块载着他一生梦想的奇石就被扔到了海里。

习惯的力量就像转动的车轮一样，具有很强的惯性。它一旦形成，就会在人们的思想和行为中顽强地存在着，而且还会不由自主地左右着人的思维和行动。有时候，人们一生都在追求的东西，可能就是因为一个微小的、不经意的习惯性动作而破灭。所谓习惯决定命运，就是有什么样的习惯，就有什么样的人生。

主动养成好习惯

看似不起眼的小习惯和习以为常的老习惯，有时是决定一个人命运的关键。

"习惯养得好，终身受其益。""少小若无性，习惯成自然。"人出生的时候，除了脾气会因为天性而有所不同外，其他的东西都是后天形成的，是家庭影响和教育的结果。

美国学者特尔曼从 1928 年起对 1500 名儿童进行了长期的追踪研究，这些"天才"儿童平均年龄为 7 岁，平均智商为 130。成年之后，对其中最有成就的 20％和没有什么成就的 20％进行分析比较，结果发现，他们成年后之所以产生明显差异，其主要原因就是前者有良好的学习习惯、强烈的进取精神和顽强的毅力，而后者的这些品质则甚为缺乏。

在通往成功的路上，多一个好习惯，心中就会多一分自信；多一个好习惯，人生就会多一次成功的机遇；多一个好习惯，生命里就会多一种享受美好生活的能力。要想建立良好的习惯，就必须专注执着、持之以恒。

习惯问题专家周士渊说："目标就像织女，是你所追求的漂亮的东西，而习惯则像牛郎，很勤恳、踏实。目标和习惯加起来就是'天仙配'。"周士渊在解释这一对"天仙配"时说道："有了目标，你一定要为这个目标设定一些习惯，等习惯养成了，离目标的实现也就不远了。而有了好的习惯，你也可以为这个习惯找一个目标，使自己更有成就感。当然这时说的目标一定要切实可行，习惯也要数字化。因为习惯是抽象的东西，只有量化后才好执行，比如每天跑步半小时等。""习惯就像烧开水一样，"周士渊说，"烧烧停停水永远不会开，刚热了又凉了，只有一股劲儿将它烧到100℃，你才会成功。所以，习惯要'五动'，即启动、恒动、自动、永动和乐动。"简单的事天天做就成了不简单，容易的事认真做就成了不容易。当你的"好习惯"成为习惯后，一切规律都将改变，你也会自然而然地维持你的好习惯。

古希腊哲学家亚里士多德说过："优秀是一种习惯。"既然好习惯可以通过培养来取得，我们便可以运用自己的智慧与毅力使我们的优秀行为习以为常，变成我们的第二天性。让我们习惯性地去创造性思考、习惯性地去认真做事情、习惯性地对别人友好、习惯性地欣赏大自然，即让优秀与成功成为我们的习惯。下面是培养良好习惯的过程与规则。

（1）在培养一个新习惯之初，把力量和热忱注入你的感情之中。对于你所想的，要有深刻的感受。记住：你正在采取建造新的心灵道路的最初几个步骤，万事开头难。一开始，你就要尽可能地使这条道路既干净又清楚，下一次你想要寻找及走上这条小径时，就可以很轻易地看出这条道路来。

（2）把你的注意力集中在新道路的修建工作上，使你的意识不再去注意旧的道路，以免使你又想走上旧的道路。不要再去想旧路上的事情，把它们全部忘掉，你只要考虑新建的道路就可以了。

（3）可能的话，要尽量在你新建的道路上行走。你要自己制造机会来走上这条新路，不要等机会自动出现在你跟前。你在新路上行走的次数越多，它们就能越快被踏平，更有利于行走。一开始，你就要制订一些计划，准备走上新的习惯道路。

（4）过去已经走过的道路比较好走，因此你一定要抵抗走上旧路的诱惑。 你每抵抗一次这种诱惑，就会变得更为坚强，下次也就更容易抗拒这种诱惑。 但是，你每向这种诱惑屈服一次，就会更容易在下一次屈服，以后将更难以抗拒诱惑。 你将在一开始就面临一次战斗，这是重要时刻，你必须在一开始就证明你的决心、毅力与意志力。

（5）要确信你已找出正确的途径，把它当作你的明确目标，然后毫无畏惧地前进。 不要使自己产生怀疑，着手进行你的工作，不要往后看。 选定你的目标，然后修建一条又好又宽的道路，直接通向这个目标。

突破习惯的束缚

有一天，小孙子从幼儿园放学回家，大声叫着："爷爷，苹果里面有一颗星星。"

爷爷说："这有什么可稀奇的？你每次吃苹果最后剩下来的核，就是苹果的心啊！"

"爷爷，我是说苹果里面有一颗小星星！"小孙子急着澄清此星非彼心。

爷爷正色地说："不要胡说！苹果里怎么会有星星呢？"

"爷爷，是真的！苹果里真的有一颗星星！"

拗不过小孙子的撒娇，爷爷终于和颜悦色地问小孙子："那你可不可以把苹果里的星星找出来给爷爷看呢？"

"好啊！"小孙子一面回答，一面把苹果横放在桌面上，拿起刀就要从中切下去。

爷爷看了，连忙大叫："不能这样切！"然后把苹果抢过来，重新直立在桌上，教导小孙子说："切苹果要从上往下切才对！"

从上往下切是传统的切法，这样显然不会切出星星来。现在，不妨思考一下：怎样才能切出苹果中的星星来？

其实很简单，只要把苹果横放，然后顺着中央切下去，苹果在被分成了头尾两半的同时，就会出现一个奇观：苹果核中的五粒子整齐地在这两半横切面的中央构成一颗星星。

正如故事中的爷爷一样，大多数人都会按照固有的习惯去生活，很少有人主动跳出惯性思维的窠臼。 一个人的成就原本应该是由他的智慧和努力决定的，可是在很多时候，我们不得不承认，人生之路常常是受习惯所左右和控制的。

在人生的道路上，习惯往往成为束缚我们的力量。 很多时候，我们习惯于按照常规的思维模式去思考问题，习惯用固有的思维模式去生活和工作。 其实，思考和实践才是我们发现答案的唯一方法，只有勇于创新、不断探索，才能够创造工作的机会和人生的乐趣。

打破常规，跳出习惯性的思维框框，能够做到这一点就是一种睿智。 很多时候，我们往往容易把自己局限在一个小圈子里，倘若能够换一个角度去看问题，突破固有的惯性思维，那么离成功可能就更近了一步。

成功学大师拿破仑·希尔说："不管我们是谁，我们从事何种职业，我们都是自身习惯的受益者或受害者。"下面的故事可以为拿破仑·希尔的话做出注解。

乔治是一名出入境检查员，他的职责是在边境检查站检查那些入境车辆是否带有走私物品。

除周末外，每天傍晚时分，乔治都会看见一个工人模样的男人，用自行车推着一大捆稻草从山坡下面向入境检查站走来。每当这时，乔治总要叫住男人，要他将草捆解开接受严格的检查，接着翻遍他的每个衣袋，看看能否搜出金银珠宝之类或别的什么值钱的东西。尽管乔治搜查得一丝不苟，但遗憾的是每次都未能如愿以偿。凭直觉，乔治料定此人准是在搞走私活动，然而却苦于查不出任何走私物品。

在退休的前一天，乔治对男人说："今天是我最后一班岗了，我知道你一直在携带走私物品入境，可是一直苦于没有证据。你能否告诉我你屡屡得手，究竟运的是什么物品？要是你告诉我，我绝对为你保住秘密，绝不食言！"

男人沉吟了片刻，最后拍了拍自行车。乔治至此才恍然醒悟。

美国著名教育家曼恩说："习惯就像一根缆绳。如果我们每天给它缠上一股新绳索，那么要不了多久，它就会变得牢不可破。"乔治固守传统思维，也就永远猜不出男人居然在他的眼皮底下走私自行车。人生的道理也是如此，因循守旧，永远也看不到成功的希望，只有打破僵化的惯性思维，大胆创新，才能够跳出习惯性思维的羁绊，迎来光芒万丈的阳光。

公元前233年的冬天，马其顿亚历山大大帝进兵亚细亚。当他到达亚细亚的弗尼吉亚城时，听说城里有个著名的预言：

几百年前，弗尼吉亚的戈迪亚斯王在其牛车上系了一个复杂的绳结，并宣告谁能解开它，谁就会成为亚细亚王。自此以后，每年都有很多人来看戈迪亚斯王打的绳结。各国的武士和王子都来试图解开这个结，可总是连绳头都找不到，他们甚至不知从何处着手。

亚历山大对这个预言非常感兴趣，命人带他去看这个神秘之结。幸好，这个结尚完好地保存在朱庇特神庙里。

亚历山大仔细观察着这个结，许久许久，始终找不到绳头。

这时，他突然想到："为什么不用自己的行动规则来打开这个绳结？"

于是，他拔出剑来，一剑把绳结劈成两半，这个保留了数百载的难解之结就这样轻易地被解开了。

由此可见，立刻行动、不墨守成规、遵从自己的行动规则和做事的风格，注定会取得理想的成绩。人生不能一味地按着某种教条度过，人生需要变革，变革才是成功的源泉，创新才是生命前进的动力。

很多时候，束缚我们前进的是那些沉重的习惯枷锁，一旦我们把它当成了习惯，就永远跳不出那个陈旧的框框。

在一家效益不错的公司里，总经理叮嘱全体员工："谁也不要走进8楼那个没挂门牌的房间。"但他没解释为什么，员工都牢牢记住了总经理的叮嘱。

一个月后，公司又招聘了一批员工，总经理对新员工又交代了一次上面的叮嘱。

"为什么？"这时有个年轻人小声嘀咕了一句。

"不为什么。"总经理满脸严肃地答道。

回到岗位上，年轻人还在不解地思考着总经理的叮嘱，其他人便劝他干好自己的工作，别瞎操心，听总经理的，没错，但年轻人却偏要走进那个房间看看。

他轻轻地叩门，没有反应，再轻轻一推，虚掩的门开了，只见里面放着一个纸牌，上面用红笔写着：把纸牌送给总经理。

这时，闻知年轻人闯入那个房间的人开始为他担忧，劝他赶紧把纸牌放回去，大家替他保密。但年轻人却直奔 15 楼的总经理办公室。

当他将那个纸牌交到总经理手中时，总经理宣布了一项惊人的结果："从现在起，你被任命为销售部经理。"

"就因为我把这个纸牌拿来了？"

"没错，我已经等了快半年了，相信你能胜任这份工作。"总经理充满自信地说。

果然，年轻人把销售部的工作搞得红红火火。

勇于走进某些禁区，你会采摘到丰硕的果实。打破条条框框的束缚，敢为天下先的精神正是开拓者的风貌。

勇敢的个性，在工作上必会有所表现、突破，无论在哪个部门都是别人急于网罗的对象。

生活中有许许多多成功的机会，我们一定要去把握和创造。有时候，把握机会仅仅需要的是一点打破常规的勇气。一个好职员，不能唯唯诺诺，当工作不得出路时，应敢于打破常规，寻找新的途径。

有一家大公司的董事长即将退休，他要物色一位才智过人的接班人。经过一段时间的物色和观察，最后他挑出了两位人选。

因他们皆善于骑马，所以董事长想出了一个用赛马的方法来选人的办法。一天，老董事长邀请两位候选人张先生和李先生到他的马场。当张先生和李先生来到马场时，老董事长牵着两匹同样好的马走出来，说："我知道你们都精于骑术，这里有两匹同样的好马，我要你们比赛一下，胜利的将会成为我的接班人。"

"张先生，我把这匹棕马交给你；李先生，你骑这匹黑马。"

两个候选人接过马后，各自打量马的素质，查看马鞍等用具，十分仔细，生怕有什么疏忽。

李先生想："幸好我一直都坚持练习，这次董事长之位非我莫属！"想到这里，不禁沾沾自喜。

这时，董事长宣布了令人大吃一惊的比赛规则："我要你们从这里骑马跑到马场的那一边，再跑回来。谁的马'慢'到，谁就是下一届的董事长！"

李先生从自己的美梦中醒过来，他不敢相信自己的耳朵；张先生也以为自己听错了，呆立着不知如何是好。

两人心里奇怪："骑马比赛都是比速度，谁快谁就赢，怎么会比慢呢？"

董事长见两人都张着嘴巴没说话，以为他们没听清楚："我再重复一次，这次比赛是比'慢'，不是比'快'。下面，请各自到自己的位置上，我数三下便开始。"

"一、二、三，开始！"

三声过后，张先生和李先生仍然站在原地，不知该怎样做。过了好一会儿，张先生突然灵机一动，迅速跳上李先生的黑马，然后快马加鞭地向着另一边跑去，把自己的马留在后面。

李先生看着张先生的举动，觉得很奇怪："张先生怎么骑了我的马？"

当李先生想通是怎么一回事时，已经太迟了。他自己的黑马已经遥遥领先，张先生的棕马还留在原点，任他怎样追也追不上自己的马。结果，李先生的马最先到达终点，李先生输了！

"恭喜！恭喜！"董事长高兴地对张先生说，"你可以想出有效的创新的办法，这证明你有足够的才智继承我的位置。"

"我现在宣布，张先生便是公司下一届的董事长！"

这位老董事长的选人办法很奇特，本身就带有新意，如果张、李二位先生按惯例比赛，场面一定很滑稽。因为谁都会裹足不前，这肯定不是老董事长所希望看到的。张先生的成功之处在于随机应变，又能利用法则，因为老董事长要求的是"马"慢到，而不是"人"慢到。张先生善于应变的策略也正是所有在社会中做事，特别是在职场中做事的人，尤其是决策人所必须具备的，只有具备这样勇于打破常规的精神与头脑，才能保证自己的公司或事业立于不败之地。

第七章

"努力"也需要学习：
不断优化你的"努力"方式

抓住关键，分清轻重缓急

古人云："事有先后，用有缓急。"工作也是如此，作为一名优秀的工作者，分清事情的轻重缓急，不但做起事来井井有条，完成后的效果也是不同凡响。次序处理好了，不但能够节约办公时间、提高办公效率，最重要的是能给自己减少许多麻烦。决定好做事情的轻重缓急，是为自己找到更多时间去完成最为紧要的工作的最为有效的第一步。也就是说，如果你把为自己寻找更多的时间视为第一需要，而你计划优先去做最紧要的事，那你就能找到更多的时间。这是非常简单的道理。

在一次上时间管理课时，教授在桌子上放了一个能装水的罐子。然后又从桌子下面拿出一些正好可以从罐口放进罐子里的鹅卵石。当教授把石块放完后问他的学生："你们说这罐子是不是满的？""是！"所有的学生异口同声地回答。"真的吗？"教授笑着问。然后又从桌底下拿出一袋碎石子，把碎石子从罐口倒下去，摇一摇又加了一些，直至装不进去为止。他再问学生："你们说，这罐子现在是不是满的？"这次他的学生不敢回答得太快。最后班上有位学生小声回答道："也许没满。""很好！"教授说完后，又从桌下拿出一袋沙子，慢慢地倒进罐子里。倒完后再问班上的学生："现在你们再告诉我，这个罐子是满的呢还是没满？""没有满。"全班同学这下学乖了，大家很有信心地回答。"好极了!"教授再一次称赞这些"孺子可教"的学生们。称赞完后，教授从桌底下拿出一大瓶水，把水倒在看起来已经被鹅卵石、小碎石、沙子填满了的罐子中。当这些事都做完之后，教授正色问他班上的学生："我们从上面这些事情中得到了哪些重要的启示?"

班上一阵沉默，一位自以为聪明的学生回答说："无论我们的工作多忙、行程排得多满，如果要挤一下还是可以多做些事的。"教授听到这样的回答点了点头，微笑着说："答得不错，但并不是我要告诉你们的重要信息。"说到这里教授故意停住，用眼睛扫了全班同学一遍后说："我想告诉各位的最重要的信息是，如果你不先将大的'鹅卵石'放进罐子里去，也许你以后永远都没有机会再把它们放进去了。"

工作中有长远目标、短期目标、即时目标。 这些目标有时候会像热气球遇上麻烦一样到处乱撞，照顾了这一点又忘记了那一点，无论怎样权衡利弊，始终不能尽善尽美。 这时一定要善于发现并解决最迫切的问题。 只有先解决这些问题，才能解决其他问题。

在美国总统中，卡特被认为是"最繁忙"的总统。他为什么忙?

因为他事无巨细，渴望掌握所有问题的第一手资料。这使他淹没于细节中，而忽略了对整体的把握。

那么，他忙出政绩了吗？

当然有一些，但肯定不突出，他被美国公众看作一个成效不彰的总统，在他下台的时候，他的支持率只有22%，是第二次世界大战以来，包括尼克松总统在内所有总统中支持率最低的一位。

作为一国总统，应该分清轻重和主次，不能什么都抓在手里。作为一个优秀的职业人呢？也应该分清轻重缓急的关系。凡事都有轻重缓急，重要性最高的事情应该优先处理，不应将其和重要性最低的事情混为一谈。对于那些零零散散的事务，我们可以先把它们按照"急重轻缓"的顺序，整理好后再着手处理。

1. 重要且紧急

首先选出重要且紧急的事情，它们的紧急和重要性，要比其他每一件事都优先。如果拖延是造成紧急的因素，则现在已经不能再拖延了。在这些情形下，时间管理就不会出现什么问题了。

2. 重要但不紧急

我们生活中，大多数所谓重要的事情都不是紧急的，我们可以稍后再做。例如：你要参加提升你专业技术的培训班；你想找出时间先做一番初步资料搜集之后，再向老师提出你的计划。

这些工作都有一个共同点：尽管它们具有重要性，可以影响到你的健康、财富和家庭的福利，但是你如果不采取初步行动，它们可以无限期地拖延下去。 如果这些事情没有涉及别人的优先工作或规定期限而使它们成为"紧急"，你就永远不会把它们列入你自己优先要办的工作。

3. 紧急但不重要

表面上看起来需要立刻采取行动的事情，但是如果客观地来检视，我们就会把它们列入次优先级别里面去。 例如：某一个人要求你主持一项筹集资金的活动、发表演讲或参加一项会议。 你或许会认为每一个都是次优先的事情，但是有一个人站在你面前，等着你回答，你就接受了他的请求，因为你想不出一个婉拒的办法。 然后因为这件事情本身有期限，必须马上去做，于是第二类的优先事情就只好向后移了。

4. 不紧急也不重要

很多工作只有一点价值，既不紧急也不重要，而我们常常在做更重要的事情之前先做它们，因为它们会分你的心——它们提供一种有事做和有成就的感觉，也使我们有借口把更有益处的工作向后拖延。 如果你发现时间经常被小事情占去了，你就要试一下学会克服这种拖延。

建议每一位有心人都能制订一份自己在一段时间里的详尽工作计划，并在每天结束前精确地安排明天的工作。 同时还要制订一份科学的休息时间表，从而保证自己的一生始终在精力充沛地从事最有意义的工作。 大多数的人是根据紧急性做事，所以他们会花很多时间去救火而不是制订一项计划，直到期限临头才手忙脚乱。所以说，处理事务分不清轻重缓急是对工作的不负责任。进一步说，它是工作的隐形杀手，它常常把辛勤劳动的成果弄得乱七八糟，它如同包裹在美丽蝴蝶身上的那一层难看的蛹衣，会掩盖住你的一些出色的工作能力。所以，分清工作的轻重缓急，养成良好的工作习惯，就能帮助你轻松应对每一项工作，成为一名名副其实的有效率的工作者。

专心致志，一次做好一件事

在做事之前，把你需要做的事想象成是一大排抽屉中的一个小抽屉。你每做一件事只是一次拉开一个抽屉，令人满意地完成抽屉内的事情，然后将抽屉推回去。不要总想着所有的抽屉，而要将精力集中于你已经打开的那个抽屉。一旦你把一个抽屉推回去了，就不要再去想它。

要知道，一个人的精力是有限的，把精力分散在好几件事情上，不仅不是明智的选择，而且也是不切实际的。专心地做好一件事，就能有所收益，能突破人生困境。这样做的好处是不至于因为做的事太多，拉的战线太长，反而一件事都做不好，结果两手空空。所以，一个做事有条理的人不会把精力同时集中于几件事上，而只是关注其中之一。也就是说，他们不会因为从事分外工作而分散了自己的精力。

如果大多数人集中精力专注于一项工作，那么，他们都能把这项工作做得很好。在对 100 多位在其本行业获得杰出成就的人士的商业哲学观点进行分析之后，有人发现了这样一个事实：他们每个人都具有专心致志和果断的优点。做事有明确的目标，不仅会帮助你培养出能够迅速做出决定的习惯，还会帮助你把全部的注意力集中在一项工作上，直到你完成了这项工作为止。成功的商人都是能够迅速而果断做出决定的人，他们总是首先确定一个明确的目标，并集中精力，专心致志地朝这个目标努力。

伍尔沃斯的目标是要在全国各地设立一连串的"廉价连锁商店"，于是他把全部精力花在这件工作上，最后终于完成了此项目标，而这项目标也使他成了改变自己的人。林肯专心致力于解放黑奴，并因此使自己成为美国最伟大的总统之一。李斯特在听过一次演说后，内心充满了成为一名伟大律师的欲望，他把一切心力专注于这项目标，结果成为美国最知名的律师之一。伊斯特曼致力于生产柯达相机，这为他赚进了数不清的金钱，也为全球数百万人带来无比的乐趣。海伦·凯勒专注于学习说话，因此，尽管她又聋又哑，而且还看不见，但她还是实现了她的目标。

种种事例说明，所有成功者都把某种明确而特殊的目标当作他们努力的主要推动力。

专心就是把意识集中在某一个特定目标上的行为，要一直集中到已经找到实现这项目标的方法，直到为之付诸实际行动并完成为止。

假设你准备成为一位著名作家，或是一位杰出的演说家，或是一位杰出的商界主管，或是一位能力高超的金融家。那么你最好在每天就寝前及起床后，花上 10 分钟，把你的思想集中在这项愿望上，以决定应该如何进行，才有可能把它变成事实。

当你要专心致志地集中你的思想时，不妨把你的眼光投向未来而不是现在，幻想你自己是这个时代最有力量的演说家；假设你拥有相当不错的收入；假想你利用演说的报酬购买了自己的房子；幻想你在银行里有一笔数目可观的存款，准备将来退休养老之用；想象你自己是位极有影响的人物；假想你自己正从事一项永远不用害怕失去地位的工作……专注于这些想象，有可能促使你付出努力，美梦成真。

在具体的工作过程中，一次只专心地做一件事，全身心地投入并积极地希望它成功，这样你就不会感到精疲力竭。不要让你的思维转到别的事情、别的需要或别的想法上去。专心于你已经决定去做的那个重要项目，放弃其他所有的事，你会慢慢地把每一件事都完成得相当出色，而不是同以往那样什么事都做得非常一般，没有亮点。

专心的力量是神奇的，在激烈的竞争中，如果你能向一个目标集中注意力，一次只专心地做一件事，全身心地投入并积极地希望它成功，这样你就不会感到精疲力竭，你取得成功的机会也将大大增加。为了工作上有突破，为了前途更加光明，一次专心地去做一件事吧！

执行到位，不能只做表面功夫

　　小李是国内某著名大学的应届毕业生，由于学识和外形条件都很好，很快被一家大公司录用了。在试用期初始，大家对她的印象都很好，也对她转正寄予很大希望，但没想到，她竟然成为第一个被"请"出公司的人，原因是这样的。

　　有一天，老总安排她到北京大学送一份很重要的材料，原本老总已经打好招呼，只待她将材料送到相应的3个部门。按理说，这并不是什么难事，结果，她只跑了一个地方就回来了。当时老总问她，是怎么回事，她解释说："北大好大啊。我在传达室问了几次，才问到一个地方。"

　　老总生气了："这3个单位都是北大著名的单位，你跑了一下午，怎么会只找到这一个单位呢？你可以通过很多方法先查到这些单位再去找啊！"说完，老总就担忧起来，那份材料那么重要，今天晚上他还要同这几个单位的负责人进行商讨，这下可怎么办？

　　看着老板发火，小李的小姐脾气也上来了，她辩解道："我真的去找了，不信你去问传达室的人！"

　　老总更生气了："要是用我去传达室，还要你干什么！算了，我还是自己跑一趟吧，要不今天晚上的计划全都泡汤了！"

谁知，此时小李还不知深浅，气鼓鼓地说："反正我已经尽力了。"

　　就在这一瞬间，老总下了辞退她的决心："既然这已经是你尽力之后的执行水平，想必你也不会有好的能力，只好请你离开公司！"

　　是小李头脑不够聪明吗？她可是名牌大学的毕业生。是她能力不行吗？她可是凭借自己的综合素质"过关斩将"才被公司录用的。是她不够勤奋吗？她可是跑了一下午，在传达室也问了很多次。但因为最终没有拿出结果，她的北大之行，不但白跑了，还害老总再费心力。老板雇佣一名员工是为了让他给出结果，而不是让他提问题的，因此，小李被公司辞退了。

　　小李之所以没有拿出结果，主要原因还是她不认真。只是想着尽快把问题解决交差，而没有认真地思考解决问题的办法。在任务失败后也不知道反省自我，反而觉得自己已经尽力了，不应该再受批评，抱这种心态是很难把事情做好的。

　　在工作中，有些员工在上司交给的任务没有成功地执行到位的时候，就会产生"没有功劳也有苦劳"的观念，有的甚至牢骚满腹，抱怨不止，觉得上级应该谅解自己的难处，考虑自己的努力因素，结果是次要的。

　　确实，在我们的传统观念中，"苦劳"是衡量一个人成就的重要方面。但现代职场上需要我们改变传统观念，"结果第一"的时代已经到来，唯有结果才能说明一切。

　　老板越来越重视能出业绩、有功劳的员工。有句话是这样说的："指明方向的是领袖，制定战略的是大将，找准目标的是将军，消灭敌人的是战士。"要知道，你只是老板手下的一名"战士"，他只看你有没有消灭敌人，即使你负了伤，但如果没有把"敌人"消灭，也就没有结果，自然无法得到老板的认可。

工作执行不到位，不能出结果，就会造成企业成本增加，为企业带来加倍的损失。东方希望集团创始人刘永行曾写专文强调：不到位，是中国许多单位工作的"病根子"。员工要更有竞争力，企业要更有竞争力，就必须在"到位"两个字上下足功夫。执行不到位，不如不做。

有一天，画家刘墉和女儿一起浇花。女儿很快就浇完了，准备出去玩，刘墉叫住了她，问："你看看爸爸浇的花和你浇的花有什么不一样？"

女儿看了看，觉得没有什么不一样。

于是，刘墉将女儿浇的花和自己浇的花都连根拔了起来。女儿一看，脸就红了，原来爸爸浇的水都浸透到了根上，而自己浇的水只是将表面的土淋湿了。

刘墉语重心长地教育女儿，做事不能做表面功夫，一定要做彻底，做到"根"上。

其实，做事就和浇花一样，如果只是重表面工作，不用心，不细致，不看结果，敷衍了事，那就等于在浪费时间，做了跟没做一样。只有做到"根"上，才能够产生出效益，持这种态度做事的人，才会有竞争力。

吸取教训，不要犯相同的错误

提高效率的另一个有效途径就是不要犯相同的错误。

西北铁路公司的希尔先生对马尔可逊先生说："一点也没有犯过错误的人不是一个笨蛋，就是一个懦夫。我曾经做过许多错事，将来恐怕还会做许多错事，但是每次我总能从错误中学到一点东西。"每个人都会犯错，而且肯定不止一次犯错。犯错并不可怕，可怕的是总是重复犯同一个错误。聪明的人能从错误中吸取教训，为防止下一次受挫提前做好准备；愚笨的人并不能这样做，或者说并不能总这样做，往往是重复地犯同样的错误。

一次，一个猎人捕获了一只能说 70 种语言的鸟。

"放了我，"这只鸟说，"我将告诉你 3 条忠告。"

"先告诉我，"猎人回答说，"我起誓我会放了你。"

"第一条忠告是，"鸟说道，"做事后不要懊悔。"

"第二条忠告是：如果有人告诉你一件事，你自己认为是不可能的就别相信。"

"第三条忠告是：当你爬不上去时，别再费力去爬。"

然后鸟对猎人说："该放我走了吧。"猎人依言将鸟放了。

这只鸟飞起落在树梢上，并向猎人大声喊道："你真愚蠢。你放了我，但你并不知道我的嘴里有一颗价值连城的大珍珠。正是这颗珍珠使我这样聪明。"

这个猎人很想再捕获这只放飞的鸟,他跑到树跟前开始向上爬。但是当爬到一半的时候,他掉了下来并摔断了双腿。

鸟嘲笑他并向他喊道:"笨蛋!我刚才告诉你的忠告你全忘记了。我告诉你一旦做了一件事情就别后悔,而你却后悔放了我。我告诉你如果有人对你讲你认为是不可能的事,就别相信,但你却相信像我这样一只小鸟的嘴中会有一颗很大的宝贵珍珠。我告诉你如果你爬不上去时,就别强迫自己去爬,而你却追赶我并试图爬上这棵大树,还掉下去摔断了你的双腿。这句箴言说的就是你:'对聪明人来说,一次教训比蠢人受一百次鞭挞还深刻。'"

说完鸟就飞走了。

许多人都会犯和猎人一样的错误。 往往在工作中犯了错误之后,并不是及时地总结经验教训,为下一步行动提前做好准备,而是匆忙地继续将工作进行下去,想用完成另一件工作来掩盖或者弥补已经犯下的错,结果却反而是错上加错。 因此,你有必要学会听从别人的忠告,尤其是那些和你做同样工作,而又比你工作更久的人。 这些忠告来自于工作经验的总结,以及失败的教训,为的就是避免下一次犯类似的错误。 不要因为别人的嘲讽就失去信心,别人的嘲讽有时也能帮助你更加清楚地认识错误的本来面目。

本杰明·富兰克林是美国历史上最能干、最杰出的外交官之一。

当富兰克林还是毛躁的年轻人时，一位教友会的老朋友把他叫到一旁对他批评道："你真是无可救药，你已经打击了每一位和你意见不同的人。你的意见变得太尖刻了，使得没人承受得起。你的朋友发觉，如果你不在场，他们会自在得多。你知道得太多了，没有人能再教你什么。"他指出了富兰克林刻薄、难以容人的个性。而后，富兰克林渐渐地改正了他的这一缺点，变得成熟、明智，一改以前傲慢、粗野的习性。

后来，富兰克林说："我立下条规矩，绝不正面反对别人的意见，也不准自己太武断。我甚至不准自己在文字或语言上措辞太自主。我不说'当然''无疑'等，而改用'我想''我觉得'或'我想象'一件事该这样或那样。"这种方式使他渐渐成为事业上的强者。

由此可见，错误是有教育意义的，人们可以从错误中学到东西。这样，一个小小的错误就可以警告人们避免大的错误。那些不肯承认自己做过错事的人，就失掉了这种避免大失误的宝贵经验，而以后就会继续犯这种错误。而最终的结果是他颓丧地坐下来，哀叹自己的悲惨命运。

芝加哥的医学专家玛威尔逊说："我宁愿让一个人犯错误，而不喜欢他为自己的错误找托词来回避责任，只要他第二次不犯同样的错误。托词是一种危险的东西，容易使人养成很坏的习惯。一个从不找托词逃避责任的人，虽然工作不一定都做得很好，但他总是会尽力地往好的方面去做。"可见，对待错误，正确的做法就是对错误的及时认识和修正，不要执迷不悟。 能够及时改正错误，才不会越陷越深，离完成工作目标越来越远。

我们都知道，如果没有错误，成功就在眼前。 可是谁敢保证错误会远离自己，不会有第二次，第三次呢？ 承认错误是一种人生智慧，但不能总在错误发生后再去寻找原因，更重要的是不能总在重复地犯同样的错误，也唯有这样，才能成为一名真正的高效率工作者。

善始善终，将任务执行到底

据美国纺织品零售商协会的一项调查研究，最初的努力不成功，几乎令一半的推销员放弃后续的努力。 做事虎头蛇尾，不能坚持是销售失败的主要原因。 请看如下的统计数据：

48％的推销员找过一次客户之后就不干了；

25％的推销员找过两次客户之后不干了；

15％的推销员找过三次客户之后不干了；

12％的推销员找过三次之后，继续干，而80％的生意恰恰就是这些推销员做成的。

许多人做事时一开始非常认真，全身心投入，在中途遇上小小的挫折，就逃避困难，寻求简单的事重新开始，或者没有耐心，在一段工作之后感到疲倦厌烦，开始寻求新的刺激，忙碌得很，最终却连一个令人满意的结尾也没有。

他们没有取得成功，大多是败在自己手中。 在遇到挫折时主动放弃自己的追求，缺乏坚持不懈的精神；在执行任务时有始无终、有头无尾、只重开始不管结果。

在工作中，常常遇到这种有头无尾或者虎头蛇尾的情况。

一个著名的企业家说，如果让员工们擦杯子，不管杯子多干净，都要擦9遍。 有的员工第一天会兢兢业业地擦9遍，第二天也会擦9遍，到了第三天就会只擦6遍，接着就会只擦5遍、3遍、2遍……这就是我们说的执行虎头蛇尾型员工。

很多执行者做事就是开始热，过了3天就开始松懈了，再过段时间就撒手不管了，这种习惯的形成，致使企业的很多决策无法彻底执行下去。

一家酒业公司的全国销售经理，在年初会议上开列了一系列的计划目标，并且细分到每个单位、每个部门甚至每个人，所做的事情也1、2、3、4、5……排序了，但是到了离年度结账只剩一个月时，实际销售却不到计划的六成。春节促销战迫在眉睫，而他的下属们，呈报上来的可以执行春节活动的商场和酒楼渠道的网点数量以及销售预计，数字"寒碜"得让他大为恼火。他无奈地放下电话，摇了摇头说："员工们执行力太差。"

相信很多企业的管理者都遇到过类似的情况。虎头蛇尾的员工对于已布置的工作，如果没有督促就不会有积极的反馈。到年底，这些目标、计划、任务完成得如何？离目标值还有多少距离？无法完成计划的原因何在？要么统统没有了下文，要么只有包含着大量"大约""可能"等含糊不清的总结。这些不良做法足以让企业的执行力消失。

这些人之所以无法取得成功，不是因为他们能力不够，而是缺乏坚持不懈的精神。他们做事虎头蛇尾、有始无终，做事的过程中也是东拼西凑、草草了事。

开始做一件工作，需要的是决心与热忱，而完成一份工作，需要的却是认真与毅力。缺少热忱，事情无法启动；只有热忱而无认真与毅力，工作不能完成。

很多时候，执行就是一种坚持到底的信念，有了这种信念，才能不计代价，使命必达。抱有这种态度的人，在执行工作的过程中，从不会因为困难而停止脚步，更不会在困难面前退缩，而是勇敢地面对，认真想办法。只要积极主动地面对工作中的困难，就一定可以找到排除困难的办法。

吴菲是一家公司的业务员，因为所学专业与她的工作很不对口，看着同事出色的业绩，而自己只是表现平平，她十分沮丧，公司各种各样的琐事更是让她喘不过气来。渐渐地，她感到对工作和生活都失去了激情，整天愁眉苦脸，甚至怀疑当初老板为什么聘她进公司。

终于，吴菲无法忍受，找到老板要求调换工作，而老板非常看重吴菲的聪明才智，也深信她是位出色的业务人员。于是，他很慎重地和吴菲谈了一次，并把一个对公司非常重要的项目交给吴菲。那个项目的难度非常高，即使老业务员也很难做好，但老板却给了吴菲。

回到家后，吴菲思考、分析着老板说的话，在学校时的种种考试她都走过来了，难道……她感到自己对工作的激情就像一座将要爆发的火山，自己又充满了力量和斗志。

老板交给她的项目虽然在别人眼里几乎是不可能完成的，但吴菲把自己的状态调整到最好，她感觉自己的潜能被激发出来了，激情万丈，创造力空前高涨，工作效率也大大提高，吴菲看到了另一个自己。几个月后，她漂亮地完成了这个"不可能"的任务。

在完成任务的过程中，我们总会遇到很多困难，但是只要坚持下来，就一定能突出重围。倘若一遇到困难便不再坚持，那么，所有的努力都将会白费。

一旦接到任务，就应该坚持不懈地干下去，在奋斗的过程中，坚持是制胜的法宝！一个人成功与否，要看他是否有恒心，能否善始善终地完成任务。职场如战场，一旦开始，就没有退路，放弃就意味着失败，甚至是死亡。既然已经开始，就全力以赴地坚持到底，这是你赢得最后胜利的唯一道路。

坚持不懈地完成任务是每一个职场人士完美执行的重要方法。一个人要想成就一番事业，就要有恒心和毅力，只有坚持不懈才能取得成功。特别是在遇到问题和挫折的时候，更要不松懈、不放弃，一如既往地努力下去，直到最后成功。就如英国思想家塞缪尔·约翰逊说的："成大事不在于力量的大小，而在于坚持多久。"

第八章

持续精进:

永远走在追求完美的路上

每一件事都要精益求精

地中海岸边有个老铁匠，他打造铁器的时候完全按照买主的要求，从不偷工减料。即使买主没有什么特殊的要求，他也会把铁器打得又好又结实。特别是他打造的铁链，比任何一家做得都结实。有人说他太老实了，但他不管这些，工作起来总是一丝不苟。

有一次，老铁匠打造了一条又长又粗的铁链，打好后运去装在一艘大轮船的甲板上，做了主锚的铁链，这艘航行远洋的巨轮多少年都没有机会用上它。

直到有一天晚上，海上风暴骤起，风高浪急，随时有可能把船冲到礁石上撞个粉碎。船上其他铁锚都放下去了，然而一点都不管事，那些铁链就像是纸做的，经不住风浪，全都断开了，最后船长下令把主锚抛下海去。

这条巨链第一次从船上滑到海里，全船的人都紧张地望着它，看看这条铁链受不受得住风浪。全船一千多名乘客的安全都系在这条铁链上，要是那位老铁匠在打造这条铁链时稍微有些马虎，只要在铁链的千百个铁环上有任何一环出现问题，船就有在大海里沉没的危险。老铁匠在打造这条铁链时和他打造其他无数条铁链时一样尽心尽力，用上了他全部的心智和力量。

这条铁链经受住了风浪的考验，船保住了，一直到风浪过去，黎明来临。

这艘大轮船的目的地正是老铁匠所在的海港，逃脱大难的船长亲自到老铁匠处表示谢意。听完了船长感谢的话语后，老铁匠很平静地说："我只是本着良心，尽力做好我分内的事。"

一位成功的经营者说："如果你能一丝不苟，做到尽可能完美，应该比你制造出粗陋的产品赚到的钱更多。"

无论做什么工作都应该精通它，做到一丝不苟，把每一件事都做得完美。这其中蕴含着不容忽视的道理，却很少有人能真正体会到。这正是我们做事不能成功的根源，它导致工作不完美、生活不快乐。

那么，现在就让我们来审视一下自己吧！

自己是否真的走在前进的道路上？

为了使自己对工作更精通，或者为了使自身更壮大，是否认真研究过专业方面的书籍？

自己有没有像画家仔细研究画像一样，仔细研究过工作领域的各个细节？

在自己的工作领域，你是否做到了尽职尽责？

如果你对这些问题的答案不是肯定的，那么就要努力改正自身的某些不足。

有位伟人说："我在一段时间内只会集中精力做一件事，但我会彻底做好它。"这就要求我们无论做什么工作，都需要做到"精通"二字。

懂得如何做好一件事，比对什么事都懂得一点皮毛但什么事都做不好要强得多。

一位总裁说过："不论你手边是何种工作，都要尽心尽力去做！它可以作为天才的替代品！"

艾德·赛礼在担任"帝国"计算器公司销售经理期间，曾面临一种尴尬的情况，该公司的财政出现了困难。这件事被在外头负责推销的销售人员知道了，并因此失去了工作的热忱，销售量开始下跌。到后来，情况更为严重，销售部门不得不召集全体销售员开一次大会，全美各地的销售员皆被叫来参加这次会议。

赛礼主持了这次会议。

首先，他请手下最佳的几位销售员站起来，要他们说明销售量为何会下跌。这些被唤到名字的销售员一一站起来以后，每名员工都有一个令人震惊的悲惨故事向大家倾诉，比如商业不景气、资金缺少、人们都希望等到总统大选揭晓以后再买东西等。

当第六位销售员开始列举使他无法完成销售配额的种种困难时，赛礼突然跳到一张桌子上，高举双手，要求大家肃静，然后他说道："停止，我命令大会暂停10分钟，让我把我的皮鞋擦亮。"

然后，他命令坐在附近的一名佣工把他的皮鞋擦亮，而他就站在桌子上不动。

在场的销售员都惊呆了，他们有些人以为赛礼发疯了，开始窃窃私语。在这时，那位佣工先擦亮赛礼的第一只鞋子，然后又擦另一只鞋子，他不慌不忙地擦着，表现出一流的擦鞋技巧。

皮鞋擦亮之后，赛礼给了佣工一毛钱，然后发表他的演说。

他说："我希望你们每个人好好看看这个佣工，他拥有在我们整个工厂及办公室内擦鞋的特权。他的前任是位年纪比他大的男孩，尽管公司每周补贴那个男孩10美元的薪水，而且工厂里有数千名员工，但他仍然无法从这家公司赚取足以维持他生活的费用。

"而这位小男孩不仅可以赚到相当不错的收入，既不需要公司补贴薪水，每周还可以存下一点钱来。他和他的前任工作环境完全相同，也在同一家工厂内，工作的对象也完全相同。

"现在我问你们一个问题，那个前任小男孩拉不到更多的生意，是谁的错？是他的错还是顾客的？"

所有在场的销售员不约而同地大声说："当然了，是那个小男孩的错。"

"很好。"赛礼回答说，"现在我要告诉你们，你们现在销售计算器和一年前的情况完全相同，同样的地区、同样的对象以及同样的商业条件，但是，你们的销售成绩却比不上一年前，这是谁的错？是你们的错，还是顾客的错？"

"当然，是我们的错！"所有的推销员都不得不大声回答。

"我很高兴，你们能坦率地承认自己的错误。"赛礼继续说，"我现在要告诉你们，你们的错误在于，你们听到了有关本公司财务出现困难的谣言，因此这直接影响到了你们本来非常出色的工作质量。只要你们回到自己的销售地区，并保证在以后30天内，每人卖出5台计算器，那么本公司就不会再出现什么财务危机了。你们愿意这样做吗？"

大家齐声说道："愿意！"

后来果然不出所料，那些销售员曾强调的种种借口，如商业不景气、资金缺少等，仿佛统统消失了。

佣工将擦皮鞋的工作做到了完美，他才能赚到不错的收入。因此，无论我们做什么工作，都要下决心掌握自己工作领域的所有问题，使自己变得比他人更精通。如果我们成为工作方面的行家里手，精通自己的全部业务，就能赢得良好的声誉，也就拥有了成功的秘密武器。

精益求精，尽善尽美，在工作中显得尤为重要。如果每个人都能恪守这一规则，他们的自身素质不知要提高多少。无论做什么事，都力求至善至美的结果，这样不仅能提高工作效率和工作质量，而且能够树立起一种高尚的人格。

工作之中无小事

卢浮宫内收藏着莫奈的一幅画，描绘的是女修道院厨房里的情景。画面上正在工作的不是普通人，而是天使，一个正在架水壶烧水，一个正优雅地提起水桶，另外一个穿着厨衣，伸手去拿盘子——即使日常生活中最平凡的事，也值得天使们认认真真地去做。

一位人力资源部经理说："看一个人是否认真，不用从什么大的方面看，就从那些细微的小事、下意识能做的事情中就可以得到答案。"

一家公司招聘新员工，来了不少应聘者。面试只有一道题，就是谈谈对认真工作的理解。对于这样的一个问题，很多人都认为简单得不能再简单。勤奋、敬业、负责……几乎每个人都从不同的层面阐释了自己对认真的理解。

然而，结果却出人意料——所有人都没有被录取。

"其实，我们也很遗憾。我们很欣赏各位的才华，你们对问题的分析也是层层深入，语言简洁流畅，令各位考官非常满意。但是，我们这次的考试不是一道题，而是两道，遗憾的是，另外一道你们都没有回答。"经理说。

大家哗然："还有一道题？"

"对，还有一道，你们看到躺在门边的那把笤帚了吗？有人从上面跨过去，有的人甚至往旁边踢了一下，却没有一个人把它扶起来。"

"对认真的深刻理解远不如做一件不起眼的小事，后者更能显现出你的认真态度。"经理最后说。

看来，企业在选拔人才时十分看重员工对小事的态度。一叶知秋，小中见大，也正是这样的道理。世界上很多成功的人都是认真对待小事的人，也正是他们的这种工作特质让他们取得了比常人更大的成就。

退伍军人黄先生去一家建筑公司应聘，面对坐在对面的公司总经理，黄先生讲了自己许多优点，如带过兵，会管理人，也善于服从，在部队学了不少地方上学不到的东西，虽然没有大学毕业证书。这些都没有让总经理心动，但黄先生离开时的一个小动作——将坐过的椅子搬回原处，却引起了这位总经理的注意，并影响到他的聘任决定：降"格"以求，公司录用了黄先生。因为总经理认为，建筑行业的工作就是要滴水不漏，不能有一点疏忽。

在3个月的试用期开始时，黄先生同3位同时被聘任的大学生一起被派往一个建筑工地，整天同工人们一起干活，一身泥、一脸灰、一头汗。不出3天，3名大学生就打了退堂鼓，而黄先生却想到工作难找，虽然心中犯嘀咕，但还是咬咬牙坚持了下来。

十几天后的一天中午，工长与工地管理人员都先走了，可天就要下雨了，黄先生看见工地上有十几包水泥会被雨淋湿，就请没走的工友一起把它们搬进工棚中。可是没人帮忙，黄先生只好一个人将十几包水泥搬进了工棚，累得一身臭汗，直喘气。有人说："这又不是你的工作，操哪门子闲心。"也有人说："当兵的就与咱们老百姓不同。"

这时，公司总经理开着车赶到了，看着那些建筑材料没有遭到什么损失，很高兴。

第二天，黄先生被通知到总经理办公室一趟。黄先生走进办公室时，看到了总经理脸上少有的笑容。总经理说："工地你不必去了，就留在公司帮我吧，你已经完全合格了！"

一年后，黄先生成了公司的业务部门主管。

"细微之处见精神"，微小而细致的细节不会在市场竞争中显得那么大张旗鼓，可以取得立竿见影的效果，但是它有着自己的独特精神。 小事的竞争就像春雨润物，无声无息又潜移默化。 在科技发展达到相当水平的今天，大刀阔斧地干就可以大大超越别人的年代已经一去不复返了，决定竞争胜利与否的因素往往就是一点一滴的工作细节。 也许一丝一毫的差别并不大，但可能就是一丝一毫的差别铸就了用户对品牌的认可，这就是小事的魅力。 对于员工来说，对待小事就是我们走向成功的做事态度，做大事必重小事，这就需要我们在小事上下功夫。

一名法国人到上海参加商务会谈，入住一家五星级酒店。早晨，这个法国人准备吃早餐时，一位女服务员微笑着和他打招呼："早上好，史密斯先生。"法国人感到非常惊讶，也非常高兴，因为他没有料到这个服务员竟然知道他的名字。在服务员的带领下，法国人来到餐厅就餐。用过早餐后，服务员端上了一份酒店免费的点心。法国人对这盘点心奇怪的样子很好奇，就问服务员："中间这个绿色的东西是什么？"那个服务员上前看了一眼，后退一步并做了解释。当客人又提问时，她上前又看了一眼，再后退一步才作答，原来后退一步是为了防止她的口水溅到食物上。法国客人对这种细致入微的服务非常满意。

几天后，当法国人处理完公务准备退房离开时，服务员把单据折好交给这位客人，说："谢谢您的光临，史密斯先生，真希望不久就能第三次见到您。"

原来，这位客人在半年前来上海时住的就是这家酒店，只不过上次只住了一天，所以对这个服务员没什么印象，而她居然还能记得这位客人。

后来，这位法国客人每次来到上海都住在这家酒店，而那位服务员的服务依然是那么细致入微。当这个法国人最近一次入住这家酒店时，发现当年的那位服务员已经是酒店的客房部经理了。

小事蕴藏着巨大的能量，看不到小事或者不把小事当回事的员工，对工作缺乏认真的态度，对自己的任务只能是敷衍了事。 这类员工无法把工作当作一种乐趣，而只是当作一种不得不受的苦役，因而在工作中缺乏工作热情。 他们永远只能做别人分配给他们做的工作，甚至即便这样也不能把事情做好。 而注重小事的员工，不仅认真对待工作，将工作做好，而且注重在做小事的过程中找到机会，从而使自己走上成功之路。

　　小田千惠是索尼公司销售部的一名普通接待员，她的工作职责就是为往来的客户订购飞机票、火车票。有一段时间，由于业务的需要，她时常会为美国一家大型企业的总裁订购往返于东京和大阪的车票。

　　后来，这位总裁发现了一个非常有趣的现象：他每次去大阪时，座位总是紧邻右边的窗口，返回东京时，又总是坐在靠左边窗口的位置上。这样，每次在旅途中他一抬头就能看到美丽的富士山。

　　"不会总有这么好的运气吧?"这位总裁对此百思不得其解，随后便饶有兴趣地去问小田千惠。

　　"哦，是这样的，"小田千惠笑着解释说，"您乘车去大阪时，日本最著名的富士山在车的右边。据我的观察，外国人都很喜欢富士山的壮丽景色，而回来时富士山却在车的左侧，所以每次我都特意为您预订可以一览富士山的位置。"

　　听完小田千惠的这番话，那位美国总裁内心深处产生了强烈的震撼，由衷地称赞道："谢谢，真是太谢谢你了，你真是一个很出色的雇员!"

　　小田千惠笑着回答说："谢谢您的夸奖，这完全是我职责范围内的工作。在我们公司，其他同事比我更加认真呢！"

美国客人在感动之余，对索尼的领导层不无感慨地说："就这样一件小事，贵公司的职员都做到这么认真，那么毫无疑问，你们会对我们即将合作的庞大计划尽心竭力的，所以与你们合作，我一百个放心！"

令小田千惠没有想到的是，因为她的认真，这位美国总裁将贸易额从原来的 500 万美元一下子提高至 2000 万美元。

更令小田千惠惊喜的是，不久后她就由一名普通的接待员提升至接待部的主管。

几乎所有的员工都胸怀大志、满腔抱负，但是"冰冻三尺，非一日之寒"，成功不是骤然而起的，而是由点点滴滴细微的工作凝聚而成的。 从对拜访客户的每个微笑到换位思考为客户着想；从数据的周全准备到严密的逻辑思维分析；从各部门相互协调配合到对各自岗位上的小事处理的完善……只有小事做好了，才有公司制度的健全与完善，才能在平凡的岗位上创造出最大价值。 "以管窥豹，可见一斑。"我们往往可以从生活中的一些细枝末节的小事洞察秋毫，从而感悟到一个人、一个企业乃至一个国家的内在精神。

小事不能小看，细节方显魅力。 以认真的态度做好工作岗位上的每一件小事，以责任心对待每一个细节，就能取得比别人更丰厚的工作成绩，就能在平凡的岗位上创造出巨大的价值。

耐心对待工作

　　一位全国著名的推销大师即将告别他的推销生涯，应行业协会和社会各界的邀请，他将在该城最大的体育馆做告别职业生涯的演说。

　　那天，会场座无虚席，人们在热切地、焦急地等待着那位当代最伟大的推销员做精彩的演讲。当大幕徐徐拉开，舞台的正中央吊着一个巨大的铁球。为了这个铁球，台上搭起了高大的铁架。

　　一位老者在人们热烈的掌声中走了出来，站在铁架的一边。他穿着一件红色的运动服，脚下是一双白色胶鞋。人们惊奇地望着他，不知道他要做出什么举动。

　　这时两位工作人员抬着一个大铁锤，放在老者的面前。主持人这时对观众讲："请两位身体强壮的人到台上来。"好多年轻人站起来，转眼间已有两名动作快的跑到台上。

　　老人这时开口和他们讲规则，请他们用这个大铁锤去敲打那个吊着的铁球，直到使它荡起来。

　　一个年轻人抢着拿起铁锤，拉开架势，抡起大锤，全力向那吊着的铁球砸去，随着一声震耳的响声，那吊球动也没动。他就用大铁锤接二连三地砸向吊球，很快，他就累得气喘吁吁了。

另一个人也不示弱，接过大铁锤把吊球打得叮当响，可是铁球仍旧一动不动。台下逐渐没了呐喊声，观众好像认定那是没用的，就等着老人做出什么解释。

会场恢复了平静，老人从上衣口袋里掏出一个小锤，然后认真地面对着那个巨大的铁球，接着，他用小锤对着铁球"咚"敲了一下，然后停顿一下，再一次用小锤"咚"敲了一下。人们奇怪地看着。老人就那样"咚"地敲一下，然后停顿一下，就这样持续地做。

10分钟过去了，20分钟过去了，会场上的人早已开始骚动，有的人干脆叫骂起来，人们用各种声音和动作发泄着不满。老人仍然用小锤不停地工作着，他好像根本没有听见人们在喊叫什么。开始有人愤然离去，会场上出现了许多空缺的位子。留下来的人好像也喊累了，会场渐渐地安静下来。

大概在老人进行到40分钟的时候，坐在前面的一个妇女突然尖叫一声："球动了！"刹那间会场鸦雀无声，人们聚精会神地看着那个铁球。那球以很小的幅度动了起来，不仔细看很难察觉。老人仍旧一小锤一小锤地敲着，人们好像都听到了那小锤敲打吊球的声音。吊球在老人一锤一锤的敲打中越荡越高，它拉动着那个铁架子"哐、哐"作响，它的巨大威力强烈地震撼着在场的每一个人。终于，场上爆发出一阵阵热烈的掌声，在掌声中，老人转过身来，慢慢地把小锤揣进兜里。

老人开口讲话了，他只说了一句话："成功就是简

176

单的事情重复做。"

在成功的道路上，你没有耐心去等待成功的到来，那么你只好用一生的耐心去面对失败。

　　兰姆毕业后到一个海上油田钻井队工作。在海上工作的第一天，领班要求他在限定的时间内登上几十米高的钻井架，把一个包装好的漂亮盒子送到最顶层的主管手里。他拿着盒子快步登上高高的、狭窄的舷梯，气喘吁吁、满头是汗地登上顶层，把盒子交给主管。主管只在上面签下自己的名字，就让他送回去。他又快跑下舷梯，把盒子交给领班，领班也同样在上面签下自己的名字，让他再送给主管。

　　兰姆看了看领班，犹豫了一下，又转身登上舷梯。当他第二次登上顶层把盒子交给主管时，浑身是汗、两腿发颤，主管却和上次一样，在盒子上签下名字，让他把盒子再送回去。他擦擦脸上的汗水，转身走向舷梯，把盒子送下来，领班签完字，让他再送上去。

　　这时兰姆有些愤怒了，他看看领班平静的脸，尽力忍着不发作，又拿起盒子艰难地一个台阶一个台阶地往上爬。当他上到最顶层时，浑身上下都湿透了，他第三次把盒子递给主管，主管看着他，傲慢地说："把盒子打开。"他撕开外面的包装纸，打开盒子，里面是两个玻璃罐，一罐咖啡，一罐咖啡伴侣。他愤怒地抬起头，双眼喷着怒火射向主管。

　　主管又对兰姆说："把咖啡冲上。"兰姆再也忍不住了，"叭"地一下把盒子扔在地上："我不干了！"说完，他看看倒在地上的盒子，感到心里痛快了许多，刚才的愤怒全释放了出来。

　　这时，这位傲慢的主管站起身来，直视着他说："刚才让你做的这些，叫作承受极限训练，因为我们在海上作业，随时会遇到危险，就要求队员身上一定要有极强的承受力，能承受各种危险的考验，才能完成海上的作业任务。可惜，前面三次你都通过了，只差最后一点点，你没有喝到自己冲的甜咖啡，现在，你可以走了。"

　　承受是痛苦的，它压抑了人性本身的快乐，但是成功往往就是在你承受常人承受不了的痛苦之后，才会在某个方面有所突破，实现最初的梦想。可惜，许多时候，我们像兰姆一样总是差那一点点……

　　既然工作不可能总是充满乐趣的，除了忍耐，还必须学会从工作中寻找乐趣，这样就会化解不良情绪对自己的干扰。

　　当然，耐心是需要培养的，是可以通过有意识地练习得到提升的。我们可以从短短的 5 分钟开始，然后逐渐延长耐心的容忍度。刚开始的时候，不妨告诉自己："好，接下来这 5 分钟，我不要对任何事情生气，我要保持耐心。"如此类推，逐渐延长练习的时间，我们就会有惊人的发现。

　　耐心让我们得以维持平衡。即使在困难的形势中，我们还须记得，自己面对的是什么，我们眼前的挑战不是性命攸关的"生或死"，只是一个必须处理的小障碍。 没有耐心的话，一件小事有可能化为紧急的大事。 面对烦琐的工作，你不可能冲着老板和同事怒吼来发泄情绪，正确的做法当然是用耐心来化解不快了。

只有耐心才能换来内心的平静和安宁，你才能把精力和注意力集中到急待解决的工作中去。

养成井井有条的工作习惯

　　海伦是一家企业的推销员，以前她的业务工作做得很好，但最近有些糟糕。在她众多的麻烦中，最突出的一个与在家邮寄信件有关。她曾满腔热忱地给客户写信，刚写时感觉很好，可是没等写完，她就已经兴趣全无，有时是随手放在一边，有时是匆匆结尾。这样一来，本来需要及时发出的信一拖再拖，因为她还没弄清楚客户的地址或者是还没找到邮票和信封，给工作造成了不小的麻烦。

　　后来，在一次偶然的机会中，她发现了解决方法。以前她所读过有关管理与"有序化"的文章，它们都强调书桌的重要性。她没有办公室——更不用说一张书桌了，总以为自己是个例外，但是当她把注意力集中到这些麻烦上时，她认识到任何与发信有关的事情都可能使她进入一种狂乱的失落状态。海伦以前曾以为她讨厌付账单与花钱有关，现在她明白了汇集支票本、账单、钢笔和邮票这类东西的后勤工作才是真正的罪魁祸首，因此她决定买一张书桌。

　　"一张小小的桌子能改变什么呢？"她和朋友说，"它能成为运转家事的指挥中心。书桌上能放信封、信纸、地址、钢笔、铅笔、铅笔刀、邮票、剪刀、磁带……能使一切显得秩序井然。"

鉴于使用一张书桌就给原本混乱的工作带来了如此巨大的变化，她更进一步买了一个档案橱柜，以前堆积在房屋四处的一摞摞文件现在全部分类整齐地归放在橱柜中。海伦说她的问题如此简单地就消失了，现在她不再害怕寄信和付账单了，而且提高了工作效率，有了一种自豪感。

　　格雷格也找到了一个简单的解决方法。在商务会议的讨论中，格雷格会被要求具体执行一些计划。会议刚一结束时，他有很多很好的意图，但是因为他常常不记笔记，或者即使记了，也只是在一片纸上匆匆画几笔，因而从未实现过他在会上许诺的事。下一次会上，当被问及是否执行了计划时，他只能找一个借口搪塞过去，这使他看起来像是一个丢三落四和缺乏责任感的人。

　　最终，在遭遇了多次尴尬之后，他采取行动了，他为各种会议设立了一个文件夹，在它的每个夹层中都放入一小叠纸，以便他能够记下所有的任务。他还做出回顾这些笔记的时间表，并养成开会时带文件夹的习惯。写下的东西可以时时提示他任务是什么，执行会议计划也就成了一个简单的习惯。

工作习惯一旦形成，要有所突破是很难的，很容易放弃改变和突破的想法。 而往往正是一些看似很小的不良的工作习惯，反而成了使自己陷入危机的最大原因。
要想改变这些，那就从保持良好的工作秩序开始吧！ 工作没有秩序，或者秩序杂乱，没有条理，在乱糟糟的工作环境中东翻西找，你的精力和时间也被毫无价值地浪费了。

芝加哥和西北铁路公司总裁罗兰·威廉斯说过："那些桌上老是堆满东西的人不会发现，如果把桌上清理干净，只保留与手头工作有关的东西，这样会使他的工作进行得更加顺利，而且不会出错。我把这一点称为好管家，这也是迈向高效率的第一步。"

如果你到华盛顿的国会图书馆参观，就会看到天花板上有十几个醒目的大字，那是诗人波普所写的："秩序是防止工作挫败的第一要律。"

无论是在生活还是工作中，秩序混乱的人只会是一团糟，思维和工作都是毫无头绪，更何谈效率。

有些人却把杂乱看作一种工作方式，他们也许认为在这种随意的工作环境中，心情会更放松，那些重要的东西总会在大堆的文件中浮现出来的。可问题是，在多数情况下，东西越堆越高，物件越杂乱无章，就越可能带来相反的效果。当你不能记起堆积物下层放的是什么东西时，或者你要为一个项目找到所有相关资料时，你就不得不在资料堆里埋头苦找。这样，时间就浪费在查找东西上了。

更糟糕的是，随意放置的凌乱东西会随时吸引你的注意力。当在做某项工作的时候，你的视线也许会在不知不觉中被别人送给你的小纪念品、钟表或者全家福照片所吸引。等你回过神来的时候，你又不得不从头思索你刚才正在做的工作或者写的报告。

工作有条理、有秩序的员工，其办公桌上的公文会减到最少，因为他知道一次只能处理一件公文。当你问他目前某件事时，他可以立刻从公文柜中找出；当你问起某件已完成的事时，他眨眼就能想到放在何处；当交给他一份备忘录或计划方案时，他会很快插入适当的卷宗内，或放入某一档案柜。

工作有条理、有秩序的员工，他的手提箱中并不是旅行所用的东西，而是归类分明、随时要用的公文。其中也许有小说和文具，但绝不是一个废物箱。他的条理性和逻辑性会给上司留下深刻的印象，上司会对他产生信任感，认为他言而有信，这种信任是推动他职场发展的引擎。

工作现场是否整洁，是工作条理化、秩序化的一个重要方面，而杂乱无章的工作方式是一种恶习。有人会想："这是因为我们不想忘记所有的东西。我们把想记住的东西放到办公桌上一堆资料的顶部，这样就可以看到它们。"

花时间来整理一下工作现场是值得的。把办公桌上所有与正在做的工作无关的东西清理出来，把立即需要办理的找出来，放在办公桌中央，其他的按照分类分别放入档案袋或者抽屉里，这样做是提醒你，你现在所做的工作应该是此刻最重要的工作，你一次只能做一项工作，你要把所有精神集中在这件事上，不能让其他工作影响你。

不要因为受到干扰或者疲倦放下正在做的工作，转而去做其他不相干的事情，因为如果此项工作还未结束，就又开始另一项工作的话，办公桌上就开始混乱。一定要力求把手头的工作做完后再开始另外的事情，即使这项工作遇到了阻碍，也要尽量完成到一个再做它时容易开始的阶段。

做完一项工作后，要把这项工作的相关资料收拾整齐，分类放到合适的位置，千万不要胡乱摊放在办公桌上，核对一下剩下的工作，然后去进行第二项最重要的工作。

从办公桌上拿开目前不需要的文件资料，对它们可以按照重要性和先后顺序的原则进行分类。

　　休闲时的阅读材料，如一些自己爱读的书、杂志、每日的报纸等，最好读完之后就都放入自己的办公柜中，不要将它们摆在面前，以免在工作的时候分心，而且它们还会占据本来就不大的有用空间。

　　对和业务相关的客户名片，姓名、电话、地址、电子邮件等，一定要分门别类登记放好，以便随时查阅。

　　每天下班前抽出几分钟把工作现场收拾干净，每天都按照以上的标准进行清理。长此下去，养成习惯，你的工作现场一定会保持整洁，形成好的工作秩序，从而远离工作挫败。

　　改变不良的工作习惯，建立一个良好的工作秩序，很可能就是你事业上反败为胜的关键。

　　一个高效率的职场人士，最明显的特点就是永远那么从容，办事条理分明，工作有条不紊，既节省了时间，也避免了混乱给自己带来的烦躁而影响到工作的进展。他们总是神采飞扬的原因是良好的秩序为他们节省了许多时间可以用来放松和休息，或者为自己充电。